ALPINISME PLAISIR DANS LE MASSIF DU

MONT-BLANC

LES AUTEURS

Jean-Louis Laroche est guide de haute montagne. Après avoir été conseiller technique à la Direction départementale de jeunesse et sports de l'Isère, il fonde en 1986 avec Florence Lelong sa propre école d'alpinisme. Voilà 30 ans qu'il sillonne le massif du Mont-Blanc dont il connaît les moindres recoins. Il collabore à plusieurs revues spécialisées et est l'auteur avec Florence Lelong de plusieurs ouvrages d'alpinisme tous parus chez Glénat.

Florence Lelong est photographe et formatrice photo, illustratrice et accompagnatrice en montagne. On retrouve ses dessins et aquarelles dans de nombreux ouvrages.

Tous deux travaillent pour la presse, en agence et dans l'édition.

Ensemble, ils ont créé leur propre structure : www.alpinisme-escalades.com

Vous cherchez un guide et une structure humaine, contactez-nous :

- Jean-Louis Laroche
  jeanlouislaroche@orange.fr
  +33 (0) 6 30 36 45 34
- Florence Lelong
  contact@florencelelong.com
  www.florence-lelong.com
  +33(0)6 83 29 25 98

Merci à François Damilano, Françoise Rouxel, Guillaume Bernole (PGHM), Pierre et Evelyne Allain, Monique, Patricia et Sylvia (OHM).

Photo de couverture : sur l'arête sommitale du mont Blanc du Tacul.
4e de couverture : la dent du Géant et l'arête de Rochefort.

Toutes les photographies reproduites dans cet ouvrage sont de Jean-Louis Laroche et Florence Lelong.
Croquis et aquarelles sont de Florence Lelong (sauf carte générale p. 5) : Pascal Sombardier.

Conception maquette, prépresse et fabrication : Glénat Production (Grenoble)

Couvent Sainte-Cécile – 37, rue Servan – 38000 Grenoble

ISBN 978-2-344-01540-7
Dépôt légal : mai 2016

PEFC PEFC/14-38-00202

JEAN-LOUIS LAROCHE • FLORENCE LELONG

ALPINISME PLAISIR
DANS LE MASSIF DU
MONT-BLANC

NEIGE ET MIXTE

Glénat

CARTE GÉNÉRALE

SOMMAIRE

AVANT-PROPOS

Les possibilités d'ascensions dans le massif du Mont-Blanc semblent inépuisables. Chaque année s'ouvrent de nouveaux itinéraires, d'autres rejoignent le rang des classiques, tandis que certains tombent en désuétude.

Le milieu montagnard lui-même subit des transformations liées au réchauffement planétaire, source d'importantes modifications de tracés. Sont particulièrement affectés les sommets d'altitude modérée : des pans entiers de granit s'effondrent spontanément parce que la glace interstitielle disparaît, les pentes neigeuses se vitrifient avant de révéler un fond de caillasses instables, les glaciers reculent et les rimayes surplombent… L'art et la manière de pratiquer les sports alpins s'en ressentent. L'activité n'est plus limitée à la seule saison estivale et elle dépend de deux facteurs corollaires : état des lieux et météo. Plus que jamais, il faut suivre de près le régime d'enneigement pour agir au coup par coup. On ne choisit pas sa course en fonction de ses désirs, ou du listing idéal d'un topo, mais bien selon l'état de la montagne. En plein été, une grosse chute de neige recharge parfois un couloir ou une face, rebouche une rimaye… et la couche peut se transformer en l'espace de quarante-huit heures. Seule règle à respecter : s'assurer des bonnes conditions : neige purgée et stabilisée, température négative, départ nocturne, variantes plus corsées mais plus sûres… La veille du départ, plancher sur cartes et topos, se renseigner auprès de professionnels ou d'un organisme spécialisé comme l'Office de Haute-Montagne à Chamonix, tenir compte de l'évolution météo, recueillir des informations fraîches directement auprès de grimpeurs qui viennent de réaliser l'ascension que vous projetez.

La trentaine d'itinéraires retenus se déroule en terrain neige et mixte et ne dépasse pas le niveau AD. Répartis dans les principaux bassins glaciaires, ils vous feront découvrir les sommets les plus représentatifs. On retrouvera les plus belles classiques, celles qui, au fil des années, rencontrent toujours le même engouement.

Ceux qui voudraient élargir le niveau de difficulté ou découvrir d'autres secteurs pourront se référer à nos ouvrages, qui totalisent près de 200 itinéraires : *Sommets du Mont-Blanc, les plus belles courses de Facile à Difficile (Glénat, 2016), Ascensions au Pays du Mont-Blanc (Glénat, 2000) et Escalade choisies Mont Blanc, Aiguilles Rouges (Glénat, 2009).*

À vous de jouer !

L'aiguille Verte flanquée des Drus au premier plan. Au Petit Dru, les éboulements dus au réchauffement en altitude sont bien visibles sur les clichés pris à dix ans d'intervalle, 1995 et 2005…

Sur fond d'aiguille du Midi, le versant sud-est du mont Blanc du Tacul avec ses satellites rocheux

QUELQUES CONSEILS AVANT DE PARTIR

Cartographie

L'ensemble du massif du Mont-Blanc est couvert par deux cartes IGN : CHAMONIX 3630 OT et SAINT-GERVAIS 3531 ET, série TOP 25, échelle 1/25 000. L'équidistance entre les courbes de niveau varie sur les zones frontalières : cela tient aux fonds de cartes utilisés. En Suisse et en Italie 20 m, en France 10 m.

Départ

C'est le point de départ de la course, depuis le refuge ou le téléphérique (pour les accès depuis la vallée, voir p. 94).

Difficultés

Savoir estimer le contexte dans lequel se déroule une ascension en prenant la mesure des risques liés à la haute montagne est aussi important que de connaître le degré technique requis pour l'accomplir. Ces deux critères sont pris en compte par la cotation à double entrée :

- ***le grade de sérieux,*** indiqué par un chiffre romain de I à VII, exprime l'engagement, la longueur, l'éloignement, les difficultés d'approche et de descente, la continuité, le nombre de longueurs difficiles, l'équipement en place, les risques objectifs.

Un seul de ces éléments suffit à définir le grade de sérieux.

I : itinéraire court, peu éloigné, descente facile

II : itinéraire plus long ou un peu plus technique, descente demandant parfois de l'attention, peu de dangers objectifs

III : itinéraire long, parfois éloigné, descente délicate, risques objectifs éventuels (Les grades IV à VII ne se ren-contrent pas dans cet ouvrage)

- ***Le degré technique,*** de F à D puis de 1 à 7, exprime la difficulté la plus importante, la longueur la plus dure.

F (facile) : pas de difficulté technique

PD (peu difficile) : nécessite un bon usage des crampons, du piolet, et l'assurage du premier ou du second

AD (assez difficile) : itinéraire avec des parties redressées (45/50°)

D (difficile) : pente soutenue avec des sections raides (50/60°), demandant une technique sûre et une bonne connaissance de l'assurage

1 : longs passages à 60°

2 : passages à 60/70° mais bonnes possibilités d'assurage

3 : passages à 70/80° généralement

Dominée par les Grands Charmoz, la Mer de Glace devant les Grandes Jorasses.

Le bassin du Trient.

en bonne glace. Les parties raides alternent avec de bons emplacements de repos permettant de poser les points d'assurage.
4 : passages à 75/85° avec parfois une courte section verticale. Glace généralement de bonne qualité et possibilité de bons relais.
En rocher : cotations classiques d'escalade, de 3 à 9, avec les subdivisions a, b, c.

Horaire
Indiqué pour une cordée homogène ayant un niveau en adéquation avec la course projetée, montagne en bonnes conditions. Tenir un horaire est un gage de sécurité.

Conditions favorables
D'un jour à l'autre, les facteurs météo et climatiques modifient l'état de la montagne. Il faut apprendre à observer et juger, se renseigner et interpréter. On peut grimper toute l'année, pourvu que les conditions soient optimales : enneigement suffisant, pentes stabilisées, isotherme bas...

Matériel
On trouvera un tableau détaillé du matériel de base dans *Sommet du Mont Blanc*, p. 14 (Glénat, 2016). L'équipement spécifique est indiqué pour une cordée de deux. À compléter par le matériel individuel de base.
Quelques précisions :
- corde : nous indiquons la taille des rappels obligatoires ou la distance minimum entre les relais.
- broches à glace : ne devraient jamais quitter le porte-matériel, dès que l'on progresse sur glacier (en cas de chute dans une crevasse) ; en prévoir 2 par personne.
- coinceurs à câbles : sauf mention particulière, jeu complet n° 1 à 10.
- coinceurs à cames (les plus usités en Camalot™ n° 0.5, 0.75, 1, 2).

01

AIGUILLE DU TOUR (3 542 M)

TRAVERSÉE PAR LE COL DU MIDI DES GRANDS COULOIR DE LA TABLE

Départ : refuge Albert 1er (2 702 m), 1 h 30 du col de Balme. Accès p. 94.

Alpinistes en herbe, dépêchez-vous de gravir l'aiguille du Tour ! Si le réchauffement climatique se confirme et s'amplifie, la voie normale pourrait bien s'interrompre à la rimaye béante, à moins d'installer une échelle à demeure. La montagne se pratique désormais sur le mode « opportuniste ». Il faut suivre de près les variations météo et savoir partir au bon moment.

Si les sommets d'altitude modeste se déneigent rapidement sous l'effet de la chaleur, ils permettent aussi les ascensions-éclair : une chute de neige en plein été se transformera parfois en vingt-quatre heures selon l'orientation.

Ainsi, le couloir de la Table, ouvert au sud-ouest, peut-il être gravi si l'on respecte la règle des bonnes conditions : neige transformée, c'est-à-dire purgée, stable et durcie par le gel nocturne. La pente régulière se redresse à peine avant de déboucher à la brèche, au-dessus du gendarme qui porte la grande table de roc, origine de la dénomination et bien visible depuis le refuge. Suit l'arête rocheuse, plutôt mixte en début de saison, assez aérienne, dont

Par-dessus Tête Blanche, les deux aiguilles du Tour et le glacier du Trient.

Dans la traversée, au-dessus du Pissoir.

certains blocs imposent de la vigilance. Son cheminement obligera à des options d'itinéraire, pour la protection naturelle qu'offre la corde passée derrière un becquet, tantôt à droite, tantôt à gauche du fil. La voie normale est plus commode. La traversée proposée a l'avantage d'une approche inhabituelle par le col du Midi des Grands, plus progressive et moins encombrée que la route traditionnelle.
Le cadre est plus sauvage et la trace franchit deux cols successifs où se révèle un paysage d'altitude largement ouvert sur les proches Alpes suisses. Une fois sur le plateau du Trient, ne manquez pas la visite à la fenêtre du Pissoir, pour le charme secret des lieux. Il est ensuite préférable de contourner l'aiguille Nord du Tour par le glacier plutôt que de traverser cette pointe via son sommet, car le rocher est devenu trop instable, notamment à la descente.
Plusieurs voies d'accès à l'aiguille Sud seront alors envisageables, en fonction de l'état de la rimaye et de la file d'attente ! La plateforme sommitale, suspendue entre Suisse et France, offre un tour d'horizon époustouflant, de quoi tisser la trame d'innombrables aventures...

Traversée
- **Difficulté :** II/F, parcours glaciaire (pentes à 40°) et ascension mixte (rochers faciles), rimaye parfois délicate.
- **Horaire :** du refuge au sommet 3 à 4 h ; descente 1 h 30.
- **Dénivellation :** 840 m.
- **Conditions favorables :** plus agréable en début de saison. Sinon, s'assurer d'un enneigement suffisant
- **Matériel :** crampons, piolet, corde (rappel éventuel de 50 m pour la rimaye), 2 broches à glace, 3 sangles, 3 mousquetons, casque, frontale.
- **1re ascension :** C.G. Heathcote et M. Andermatten, 18 août 1864.

TRAVERSÉE

Montée par le col du Midi des Grands : du refuge Albert 1er, suivre vers l'est le chemine-ment (blocs, névés, cairns) qui donne accès au glacier du Tour (20 mn). Partir vers l'est et, au sommet de la pente raide qui contourne le Signal Reilly (2 883 m), s'engager franchement nord-est pour remonter rive gauche la combe qui s'ouvre à gauche de l'arête ouest de l'aiguille du Tour. Elle débouche au col du Midi des Grands (3 235 m) dont on remontera la pente, parfois rocailleuse, en oblique de droite à gauche. Traverser vers l'est pour atteindre le passage entre l'aiguille du Pissoir et le Pissoir qui donne accès de plain-pied au plateau du Trient. De là, remonter vers le sud les pentes de neige sous l'aiguille du Pissoir et dépasser l'aiguille N du Tour pour rejoindre la voie normale de l'aiguille S. (2 h 30 du refuge. Aquarelle p. 15)

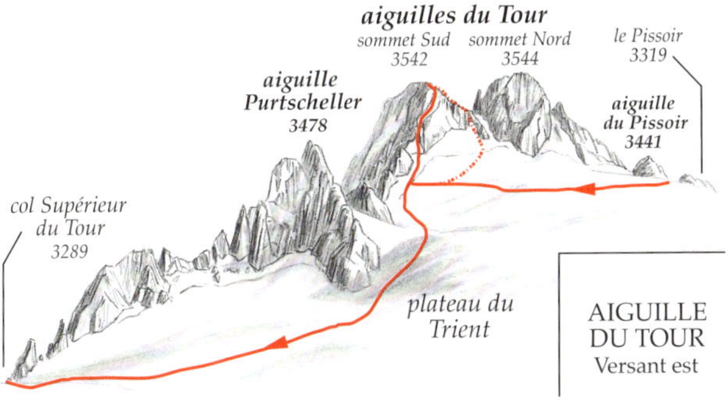

Une variante intéressante, mais un peu plus difficile (35 à 45°, à peine 100 m) consiste à remonter le versant ouest de la Fenêtre du Pissoir, qui s'ouvre à droite du col du Midi et sort à 3 410 m, directement sur le glacier du Trient, entre l'aiguille du Pissoir et l'aiguille Nord du Tour. S'assurer des bonnes conditions du couloir (neige stabilisée), plutôt en début de saison.

Le versant sud de l'aiguille du Tour.

Ascension : franchir la rimaye et, après une courte pente de neige, laisser crampons et piolet si le rocher est assez sec. 3 itinéraires sont possibles :
a) en suivant la vire naturelle qui raye en oblique à droite tout le versant est de l'Aiguille. Elle conduit à une petite brèche de l'arête nord-est par laquelle on atteint rapidement le sommet, après un petit rétablissement (20 mn).
b) en remontant le bref couloir entre les deux aiguilles, côté est, puis en suivant à gauche le fil de la crête jusqu'au sommet (25 mn).
c) *en suivant le fil de l'arête S au plus près,* sur sa droite (variante, passages de 3b, parfois raide et aérien mais bien pourvu en prises, 30 mn).

Descente par le col Supérieur du Tour : revenir à la rimaye, et de là, sud-est puis sud, en longeant les contreforts de l'aiguille Purtscheller (une pente raide sur 50 m), atteindre le col Supérieur du Tour (3 289 m). Le franchir vers l'ouest (quelques mètres rocheux). Prendre pied sur la large pente assez raide qui mène à une cuvette (3 120 m), juste au pied d'un beau contrefort granitique rougeâtre, coté 3 250 m. Après une légère remontée vers l'ouest, on rejoint l'itinéraire d'approche. Descendre la grande pente, passer au nord du signal Reilly et par le sentier, regagner le refuge. (1 h 30 du sommet)

Remarque : cette traversée peut s'effectuer dans les deux sens, et chaque itinéraire bien sûr en aller-retour. On peut aussi gravir l'aiguille du Tour depuis la cabane du Trient, en traversant le plateau homonyme.

À la sortie du couloir de la Table.

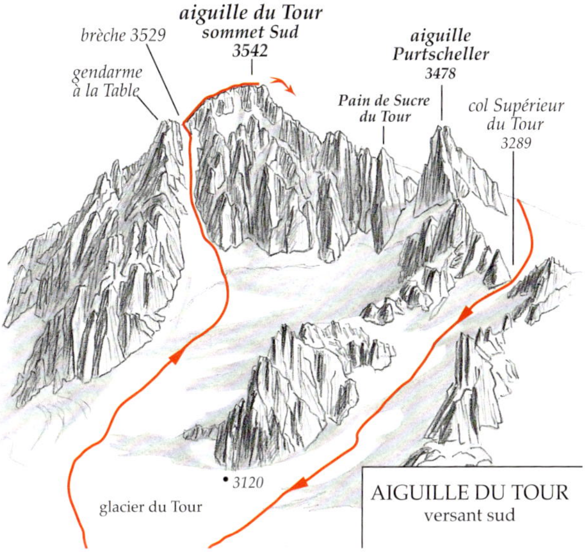

AIGUILLE DU TOUR
versant sud

Couloir de la Table

Difficulté : II/AD inf. Couloir de neige à 40/45°, suivi d'une arête aérienne rocheuse ou mixte selon l'époque.

Horaire : approche 2 h, ascension 2 h, descente 1 h 30.

Dénivellation : du refuge au sommet : 840 m (300 m pour le couloir).

Conditions favorables : vu l'exposition sud, s'assurer de bonnes conditions d'enneigement et de gel.

Matériel : crampons, piolet, un marteau-piolet par cordée, corde (rappel éventuel de 50 m pour la rimaye versant est), 2 broches, sangles variées, 3 dégaines, 5 mousquetons, casque, frontale.

1re ascension : auteurs et date inconnus.

COULOIR DE LA TABLE

Approche : du refuge, après 20 mn de sentier chaotique (blocs, névés, cairns), prendre pied sur le glacier du Tour. Le remonter (est) en passant au nord du Signal Reilly (2 883 m). Après une traversée vers le sud-est, obliquer au sud, passer une longue bosse à flanc (assez raide), puis vers la cote 3 100 m, virer résolument nord-est, pour, en contournant de grandes crevasses, vous engager dans le bassin glaciaire, sous le versant sud de l'aiguille du Tour. Remonter plein nord pour atteindre le pied du couloir, dès lors bien visible. (1 h 30 à 2 h. Aquarelle p. 15)

Ascension : l'attaquer plutôt par la droite, et passer rapidement à gauche de la rigole d'écoulement (un passage parfois déneigé sur 2 longueurs). Remonter rive droite (à gauche en montant). La pente se redresse un peu avant de déboucher à la brèche 3 529 m de l'arête ouest (blocs instables, veiller à ne pas déclencher de chutes de pierres). 1 h. Partir à droite pour gagner le sommet, par l'arête rocheuse ou mixte. (3 à 4 h du refuge)

Descente versant est, par la voie normale : désescalader l'arête nord-est sur une soixantaine de mètres pour atteindre une petite brèche ; suivre alors une bonne vire vers la droite (elle traverse en oblique la face est) et, après une courte pente, franchir la rimaye. De là, gagner le col Supérieur du Tour et le refuge, par l'itinéraire décrit plus haut.

TÊTE BLANCHE (3 429 M) PETITE FOURCHE (3 520 M)

FACE NORD ET TRAVERSÉE

Départ : refuge Albert 1er (2 702 m), ou cabane du Trient (3 170 m) en Suisse. Accès p. 94.
Difficulté : I/AD pour Tête Blanche : courte pente école raide (120 m à 50/55°) ; F pour la Petite Fourche, terrain mixte.
Horaire : approche 3 h, face nord 1 h, Petite Fourche 1 h 30 aller-retour, descente 1 h.
Dénivellation : 720 m + 100 m pour la Fourche.
Conditions favorables : mai-juillet, parfois septembre si ré-enneigé, de préférence avant que la glace apparaisse, et que la rimaye ne soit trop ouverte.
Matériel : crampons, piolet + piolet-traction, corde de 50 m, 4 broches à glace, 3 sangles, 3 dégaines, 5 mousquetons, casque, frontale.
1re ascension : inconnue pour la face nord de Tête Blanche.
Petite Fourche : E. Dufour et H.-R. Whitehouse, avec H. Copt, 16 août 1876.

Organiser une séance de cramponnage, manier piolets et broches sur le glacier du Trient ou sur la Mer de Glace relève de l'école. Très vite, on assimilera les gestes élémentaires, et en toute logique, il sera gratifiant d'appliquer ses connaissances *in situ*.
Voici une petite course de haute montagne combinant deux itinéraires, où l'engagement raisonnable offre l'opportunité de tester ses acquisitions. Pour découvrir et comprendre les caractéristiques du milieu alpin, Tête Blanche est idéale, et plutôt que de suivre la débonnaire voie normale, nous proposons sa brève face nord. D'entrée de jeu, vous aurez à observer les principaux paramètres d'une ascension de ce type :

La rimaye de Tête Blanche. Au fond, les Dorées.

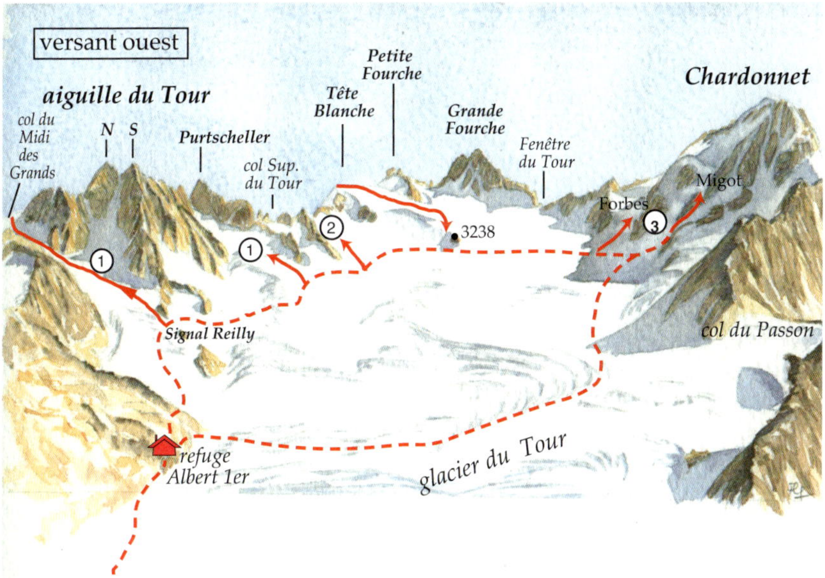

les conditions. Ce terme prend en compte l'état de transformation du manteau neigeux : elles sont bonnes lorsque, une fois les versants purgés de l'excédent de neige, les pentes sont stabilisées. En outre, la température doit être suffisamment basse pour que le gel permette de cramponner efficacement. Cassure entre le glacier et la face, la rimaye (prononcer rimai) se franchit aisément lorsqu'elle est bouchée ; pour peu qu'elle soit ouverte et qu'apparaisse la glace, le jeu sera corsé, la centaine de mètres assez raides procurera d'inoubliables sensations. Le piolet-traction/pointes avant, un relais sur broches en pleine pente, la progression à corde tendue, renforceront la confiance en soi.

Si vous avez pris soin d'attaquer dès potron-minet, les premiers rayons du soleil vous accueilleront pour la pause au sommet. Il vous sera alors loisible d'enchaîner avec la plaisante Petite Fourche, qui vous élèvera d'un cran par-dessus la fenêtre de Saleina, ouverte sur les vastes horizons du Valais.

Soir d'automne au nouveau refuge Albert 1er.

La Petite Fourche à gauche, prolongement logique de Tête Blanche.

ITINÉRAIRE

Vu l'exposition nord-est de la face, il faudra calculer l'horaire pour être à l'attaque au lever du jour. Du refuge Albert 1er, suivre vers l'est le sentier intermittent pour prendre pied, après 20 mn, sur le glacier du Tour. Le remonter vers l'est en passant au nord du signal Reilly (2 883 m). Après une traversée suivie d'un replat, franchir au sud-est une pente raide, puis par la courbe 3 100 m, gagner la petite cuvette située au pied du large couloir issu du col Supérieur du Tour (voie normale de l'aiguille du Tour). Continuer alors pour dépasser le pied (coté 3 131 m) de l'éperon descendant des aiguilles du col du Tour, et remonter vers l'est les pentes qui conduisent au col du Tour ; serrer à gauche à la fin en suivant une arête neigeuse plus ou moins marquée, pour sortir au nord de ce col par quelques rochers (une profonde cuvette empêche l'accès direct à droite). 3 282 m, 2 h 30. Descendre sur le plateau du Trient et traverser environ 200 m vers le sud-est, sous la face nord de Tête Blanche. Celle-ci forme un trapèze, limité à droite par l'arête nord-ouest, mixte et frontière, et à gauche par l'arête nord-est, plutôt neigeuse, qui descend du sommet.

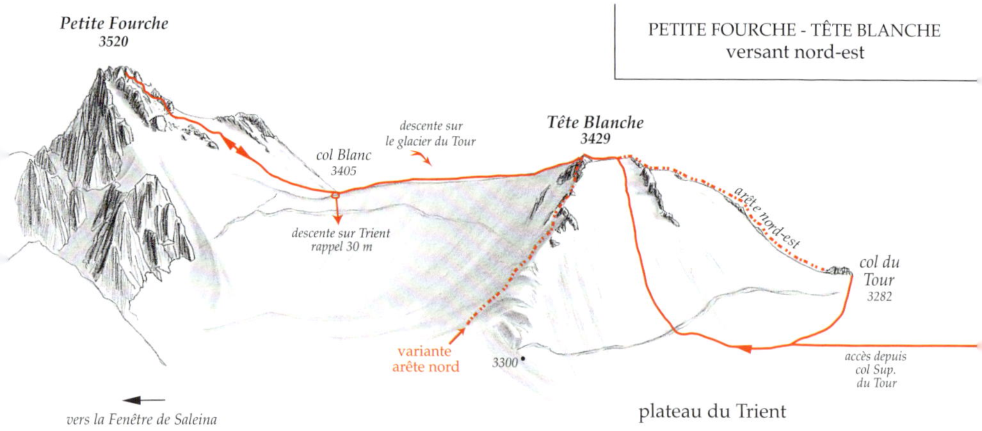

Ascension : la rimaye est en général plus facile à franchir dans la partie gauche de ce trapèze, presque à l'aplomb du sommet. Remonter la pente raide (50/55°) jusqu'à la cime de Tête Blanche (1 h). 3 à 4 h du refuge. Les arêtes nord-ouest et nord-est offrent deux beaux itinéraires, intéressants notamment si les conditions (rimaye, neige instable) ne permettent pas l'ascension de la face nord.

Descente : par la voie normale, versant ouest : du sommet, on effectuera un large arc de cercle (sud puis ouest) afin d'éviter la longue rimaye qui barre la descente directe vers l'ouest. Après avoir dépassé le rognon 3 238 m, rejoindre plein nord le replat au pied du col Supérieur du Tour et par l'itinéraire de montée, le refuge. (1 h 30. Aquarelle p. 15)

PETITE FOURCHE

Du sommet de Tête Blanche, gagner au sud le col Blanc (3 405 m). Remonter la pente de neige jusqu'à la crête, à droite du sommet de la Petite Fourche, et suivre les rochers faciles parfois mêlés de neige jusqu'au point culminant (3 520 m). 1 h. Retour par le même itinéraire jusqu'au col et, de là, versant ouest, rejoindre la descente de Tête Blanche.

Tête Blanche, le bon profil de la face nord.

AIGUILLE DU CHARDONNET (3 824 M)

ARÊTE FORBES ET ÉPERON MIGOT

Départ : refuge Albert 1er (2 702 m), 1 h 30 du col de Balme. Accès p. 94.

Certaines montagnes affichent crânement leur forte personnalité. Bien ancrées au sol, elles paraissent indestructibles, comme indifférentes aux choses d'ici-bas. Leur sommet ne représente qu'une étape dans la course, et regagner la vallée est parfois plus délicat que l'ascension proprement dite. Ainsi par exemple des Jorasses, de la Verte... et du Chardonnet.

À juste titre, on considère l'arête Forbes comme une des plus belles ascensions des Alpes. Escalade « ouverte », vues splendides, intelligence du cheminement, tout est bien réparti, de l'attaque au retour par le raide couloir de la voie normale. Les difficultés techniques demandent une solide expérience : cramponnage classique sur des pentes allant jusqu'à 50° pour le passage de « la bosse » qui peut se compliquer lorsque la glace apparaît, arête étroite souvent cornichée, terrain mixte typique d'altitude où il faut

Le glacier du Tour et le Chardonnet.

Le Chardonnet versant nord. Arête Forbes à gauche, éperon Migot à droite.

garder les crampons même dans les sections rocheuses, parce qu'on y rencontre des portions glacées. Il faudra gérer la progression sans à-coups, les anneaux à la main, tout en assurant la sécurité de façon à tenir l'horaire.

L'éperon Migot saute aux yeux, parfaitement rectiligne, pivot de la cime elle-même, puissant pilier de matière primitive. L'harmonie attire, et l'on projette beaucoup de soi-même sur un tel support afin de puiser un peu de cette force originelle.

Plus concrètement, on rencontrera une variété de terrains stimulante : pente d'attaque à la frontale, demi-lune, rochers mêlés de glace colorés par l'arrivée du soleil et pente sommitale dégagée de toute scorie, miroir de notre bonheur à funambuler sur l'échine du monde. C'est déjà beaucoup, et, le corps repu, on pourrait se contenter d'un sommet banal, simple lieu où il n'y a plus rien à grimper au-dessus… Eh bien non, le corps se repose et se restaure, pendant qu'on admire la profusion de faces nord au-dessus d'Argentière, la forteresse Jorasses et le cyclopéen mont Blanc. Et il est pointu notre sommet ! Tant de beauté pour un si grand bonheur, vous ne l'oublierez jamais…

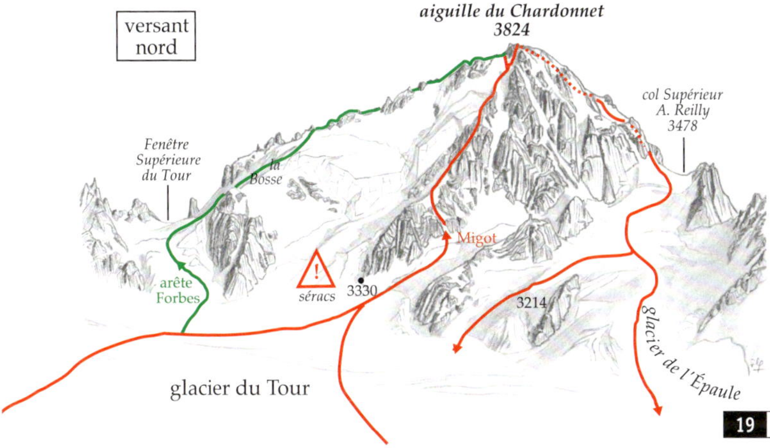

Arête Forbes

Difficulté : III/AD sup. selon englacement, course mixte complète. Passages techniques dont il faut gérer l'assurage. Descente délicate. Recherche d'itinéraire.

Horaire : approche 2 h, ascension 4 à 6 h. Descente 3 à 4 h.

Dénivellation : approche environ 550 m, de la rimaye au sommet 600 m.

Conditions favorables : début de saison, enneigé mais stable.

Matériel : crampons, piolet + piolet court, corde pour rappel de 50 m, descendeur, 4 broches, sangles variées, 5 dégaines, 4 mousquetons, coinceurs à câble, coinceurs à cames 0.4 à 2, casque, frontale.

1re ascension : P. Sisley avec M. et J. Crettex, 10 août 1899.

L'arête Forbes sur fond d'aiguille d'Argentière.

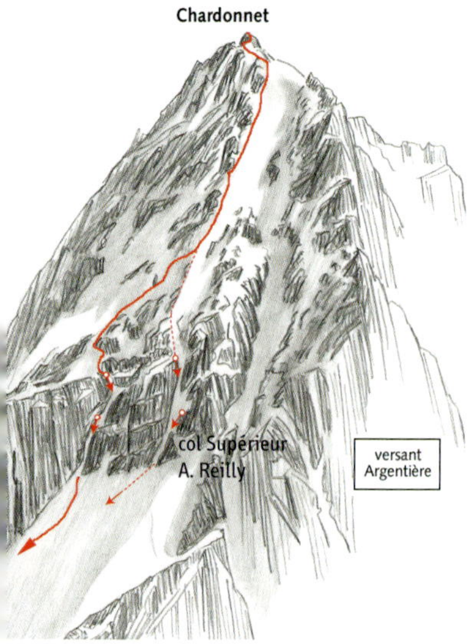

ARÊTE FORBES

Approche : du refuge, prendre l'itinéraire (est puis sud-est) de la classique aiguille du Tour. Sous le vallon d'accès au col Supérieur du Tour, l'abandonner pour continuer plein sud par une montée progressive, afin de passer juste à l'ouest du rognon coté 3 238 m ; après l'avoir dépassé, poursuivre à flanc à peu près à la courbe de niveau 3 220 m, en visant la base du large couloir avec séracs, délimité à gauche par l'aiguille Forbes, à droite par un rognon rocheux. (2 h. Aquarelle p. 15)

Ascension : remonter ce couloir (crevasses) pour accéder à une baie glaciaire (grand gendarme au SE). Franchir vers la droite (ouest) la rimaye qui donne accès à la « bosse » de glace, que l'on remonte (50° sur 100 m environ). Par la pente commode qui suit, atteindre l'arête est vers 3 700 m (brèche ; garder les crampons). Escalader le premier ressaut rocheux, plutôt versant sud, puis suivre au mieux l'arête faîtière peu raide, qui présente une alternance de neige, glace et bastions rocheux ; rien n'est très difficile, si l'on sait observer les traces de passages : rocher usé par les crampons, vires et couloirs à droite ou à gauche pour éviter les principales difficultés de quelques dents. Descendre une courte pente neigeuse au sud du dernier gendarme, pour aborder l'édifice sommital mixte. Peu après la sortie de l'éperon Migot (belle pente au nord), on atteint le sommet (3 à 4 h). 6 h du refuge.

Descente versant ouest : suivre l'arête vers l'ouest et prendre pied sur une selle neigeuse au débouché du couloir ouest. Le descendre rive droite sur 100 m environ (45°, expo) jusqu'à une selle rocheuse. *Ne pas se laisser dériver dans le raide couloir qui plonge côté Argentière.* De la selle, deux solutions :

a - Partir en oblique à droite dans la pente sur 150 m environ (neige ou mixte), jusqu'à trouver une vire qui ramène à gauche à un névé suspendu, au-dessus du grand ressaut rocheux. Traverser ce névé vers la gauche pour trouver le départ des rappels au bord de la barre (pitons et sangles). Un rappel de 50 m (ou 2 x 25, raide au départ) dépose dans un couloir encaissé. Un deuxième, équipé rive droite, mène au pied du bastion et à droite (gros bloc). Descendre la pente raide en longeant les rochers rive droite sur environ 80 m, passer la rimaye (rappel éventuel sur becquet)

b - En dessous de la selle, descendre en restant un peu à droite, l'échine rocheuse (ou mixte, 100 m env.) qui domine le bastion jusqu'à trouver des anneaux de relais (rive droite d'un couloir étroit). En 2 ou 3 rappels, on atteint la pente au-dessus du col Supérieur A. Reilly. Gagner ce col puis descendre la pente raide.

Les itinéraires se rejoignent à la rimaye. Pour prendre pied sur le glacier du Tour, passer à droite du rognon 3 214 m qui divise, dans sa partie basse le glacier de l'Épaule. Si les crevasses sont très ouvertes, il est possible d'aller à gauche de ce rognon. On louvoiera de toute façon dans une zone de grandes crevasses longitudinales. Si le glacier du Tour est bien enneigé, on peut couper nord-ouest, puis plein nord vers le refuge, sinon remonter au nord-est afin de reprendre l'itinéraire d'approche. (3 à 4 h du sommet)

L'éperon Migot.
On distingue deux cordées dans la pente finale.

Éperon Migot

Difficulté : IV/D inf. dominante neige. 100 m de terrain mixte redressé, bien protégeable. Pente de sortie à 50/55° assez aérienne. Descente délicate si en glace.
Horaire : approche 2 h 30, ascension 3 à 4 h, descente 3 à 4 h.
Dénivellation : environ 680 m pour l'approche, ascension 450 m.
Conditions favorables : bonnes conditions de gel et enneigement optimal entre l'attaque, le mixte médian et la pente de sortie pas trop grise. En général printemps/début d'été. Descente rapidement en glace. Ces caractéristiques sont liées à l'orientation des pentes : nord-est pour la voie, ouest pour la descente.
Matériel : crampons, 2 piolets-traction, corde (rappel évent. 50 m), 6 broches, corps-mort, 5 dégaines, 4 mousquetons, sangles, coinceurs, coinceurs à cames 0.4 à 2, casque, frontale.
1re ascension : André Migot et C. Devouassoux, 28 juillet 1929.

ÉPERON MIGOT

Approche : deux solutions pour gagner la rimaye.
- Si le glacier est bien bouché, partir du refuge à flanc (sud-est), et traverser le glacier vers le sud en tournant de grosses crevasses par la droite (vers 2 850 m). Après les avoir dépassées, s'orienter sud-est, en se dirigeant vers le pied de l'éperon (1 h 20).
- Si les crevasses sont ouvertes, faire un détour par la partie haute du glacier (nord) : du refuge, suivre l'itinéraire d'approche de l'arête Forbes jusqu'au rognon coté 3 238. De là, appuyer au sud-ouest à la courbe 3200, jusqu'au pied de l'éperon (2 h, s'activer, chutes de séracs).

Les deux accès se rejoignent. Remonter la baie neigeuse juste à droite du contrefort et longer son flanc ouest, jusqu'à l'aplomb de l'arête de neige inférieure qui marque le début du Migot. Rimaye vers 3 380 m (30 mn).
(2 h à 2 h 30 du refuge)

Ascension : remonter les pentes neigeuses, parfois mixtes, jusqu'à l'arête. La suivre vers le sud et continuer dans la pente où elle se perd, afin d'arriver au pied du ressaut mixte. Le franchir, 3 à 4 longueurs, en restant le plus possible à droite (chutes de séracs). Continuer le long des rochers, prendre pied sur l'arête de neige supérieure (rimaye) et terminer par la belle pente (100 m, 50/55°) en sortant à gauche ou à droite du bastion sommital. 3 à 4 h.

Descente : voir p. 20.

04

AIGUILLE D'ARGENTIÈRE (3 902 M)

VOIE NORMALE - VOIE WHYMPER ET TRAVERSÉE COULOIR EN Y - ARÊTE DE FLÈCHE ROUSSE

Départ : refuge d'Argentière (2 771 m) ; 1 h 30 du col des Grands Montets. Accès p. 94.

L'aiguille d'Argentière se présente comme une citadelle orientale. Ses lignes massives sont rendues harmonieuses par la finesse et la complexité des détails architecturaux. L'impression d'ordre provient de la répartition équilibrée entre les pentes de neige et les grands piliers de granit fauve qui, depuis la coupole du sommet, rayonnent comme les branches d'une étoile de mer. Du coup, les itinéraires ne manquent pas, variés et esthétiques, rarement difficiles, mais toujours sérieux du fait de leur développement.

À commencer par la traversée qui, après une longue approche, remonte les deux cents derniers mètres de la raide face nord, une belle première signée Whymper. La descente par le glacier du Milieu en fait une boucle un brin engagée. Il faut posséder une bonne technique de progression, utiliser les pointes avant, manier le piolet traction et poser des broches à glace. Ceux que ces exigences rebuteraient feront l'aller-retour par le glacier précité, en s'assurant que la rimaye passe à la montée et que la pente terminale ne soit pas trop en glace.

Insolite en versant méridional, le couloir en Y déroule cinq cents mètres de pente régulière, qu'il suffira de gravir sans forcer l'allure pour gagner les rondeurs accueillantes de la cime.

Glacier et aiguille d'Argentière au centre. À gauche, le Chardonnet, à droite, le Tour Noir.

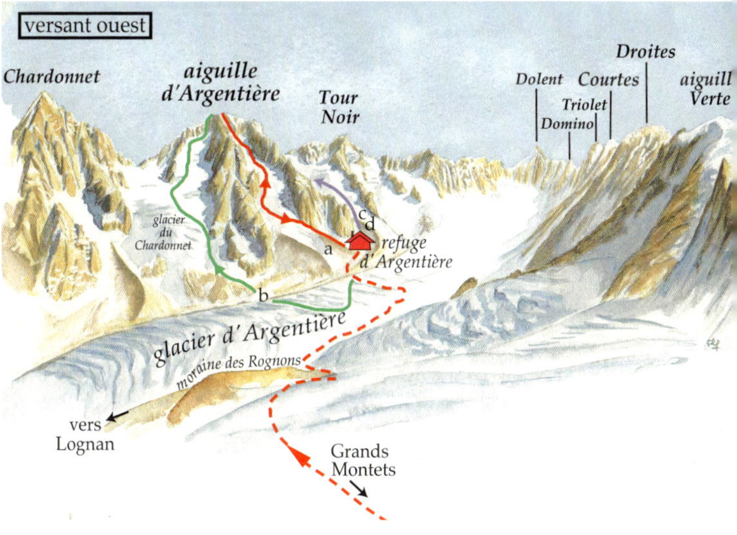

Ci-dessus : le refuge d'Argentière.

En haut : au sommet de l'aiguille d'Argentière. Au fond, le Dolent.

L'orientation impose une ascension nocturne, afin d'échapper aux effets du réchauffement. Se méfier des chutes de pierres en relevant fréquemment la tête et en n'oubliant pas de planter fermement le piolet à chaque pas.

L'arête de Flèche Rousse représente l'archétype du terrain mixte où suivre le fil de la crête est une gageure : il faut sans cesse anticiper les passages tout en progressant à corde tendue. Au menu : zigzags d'un versant à l'autre, murs rocheux, traversée de toboggans glacés, brèches à enjamber, rappel, roc lisse et dentelles de pierre...

Quel que soit votre choix, vous évoluerez en terrain sauvage, vous découvrirez graduellement un paysage immense, de plus en plus proche du ciel, bien loin des traces rebattues.

Dans le haut de la face nord, la sortie de la voie Whymper.

Voie normale par le glacier du Milieu

Difficulté : III/PD+, glacier pouvant être assez ouvert, pente terminale raide (400 m à 40/45°).

Horaire : ascension 4 h, descente 2 à 3 h.

Dénivellation : 1 130 m.

Conditions favorables : neige transformée et stabilisée. Surveiller l'état de la rimaye et de la pente sommitale, rapidement en glace.

Matériel : crampons, piolet (+ 1 piolet-traction par cordée), corde de 50 m (utile si l'on tire des longueurs en haut), 3 broches, sangles variées, 5 dégaines, 4 mousquetons, coinceurs à câble, casque, frontale.

1re ascension : L. Dècle, Y.-A Hutchinson avec A. Imseng et L. Lanier, le 14 août 1880 à la descente.

A) VOIE NORMALE PAR LE GLACIER DU MILIEU

Approche et ascension : du refuge, partir vers le nord-ouest sur le bon sentier qui conduit rapidement à la moraine rive gauche du glacier du Milieu que l'on remonte par son fil. Traverser sous la langue terminale (nord-ouest, chutes de pierres et glace), afin de gagner la rive droite du glacier que l'on suit jusqu'à un petit plateau. Repasser rive gauche et atteindre la rimaye qui défend la pente terminale. Après avoir remonté les 400 m raides, on vire à droite pour gagner rapidement le sommet. (3 à 4 h du refuge)

Descente : par le même itinéraire.

Voie Whymper et traversée

Difficulté : III/AD assez longue course neigeuse en traversée, couloir à 35/40° et facette nord 40 à 50°. Descente par le glacier du Milieu, assez raide au début (400 m à 45°).
Horaire : ascension 5 h, descente 2 à 3 h.
Dénivellation : 1 130 m.
Conditions favorables : neige transformée, gel.
Matériel : crampons, piolet + piolet-traction, corde de 50 m (utile si l'on tire des longueurs en haut), 3 broches, sangles variées, 5 dégaines, 4 mousquetons, coinceurs à câble, casque, frontale.
1re ascension : A.-A. Reilly et E. Whymper avec M. Croz, M. Payot et H. Charlet, 15 juillet 1864.

B) VOIE WHYMPER ET TRAVERSÉE

Approche et ascension : du refuge, par la trace de montée, descendre le glacier d'Argentière jusque vers la cote 2 570 m. Traverser alors NE pour accéder à la moraine rive gauche du glacier du Chardonnet (cairns ; 45 mn). La remonter afin de prendre pied sur le glacier vers 2 750 m (env. 40 mn). Suivre sa rive gauche, puis, après avoir tourné par la gauche la partie médiane un peu plus raide, obliquer à droite (on laisse l'itinéraire du col du Chardonnet à gauche). Remonter alors la branche sud du glacier, de plus en plus raide, jusqu'au pied d'un couloir bien visible, issu de l'arête NW de l'aiguille d'Argentière (2 h depuis le haut de la moraine). Passer deux rimayes (vers 3 600 m), et après environ 150 m de couloir (35°), déboucher à l'Épaule (on domine alors le versant Saleina). Remonter ensuite par son bord droit le haut de la face N d'Argentière (150 m à 45/50°). Par la belle arête faîtière neigeuse, gagner le sommet principal. (1 h de l'épaule). 5 h du refuge.

Descente versant ouest par le glacier du Milieu : sous le sommet, descendre la pente sud-ouest (400 m à 40/45°, délicate si la glace apparaît). Suivre d'abord la rive gauche du glacier du Milieu, puis lorsqu'il s'élargit (petit plateau), traverser rive droite et descendre le long de la langue terminale. Passer une cinquantaine de mètres en dessous de cette langue vers le sud-est (attention aux chutes de glace et de pierres). Après avoir coupé la moraine rive gauche, regagner le refuge par un bon sentier (dont le départ est repéré par un cairn). 2 à 3 h du sommet.
Remarque : on peut aussi descendre directement sur le glacier d'Argentière sans repasser au refuge (moraine rive gauche de préférence), pour rejoindre Lognan (2 h du pied du glacier).

Couloir en Y

Difficulté : III/AD, pente régulière à 45° ; la rimaye est parfois délicate, dans ce cas, rognon rocheux en 3b, rive gauche. Descente par le glacier du Milieu, raide au départ (400 m à 45°).
Horaire : approche 1 h 30, ascension 2 à 3 h selon les conditions à la rimaye. Descente : 2 h.
Dénivellation : 1 130 m, dont 450 m pour le couloir.
Conditions favorables : vu son orientation, dès que la pente est bien transformée, stable, et par bonnes conditions de gel.
Matériel : crampons, piolet + piolet-traction, corde, 3 broches à glace, sangles variées, 3 dégaines, 4 mousquetons, coinceurs à câble, casque, frontale.
1re ascension : H. Cameré, seul, en juillet 1922.

C) COULOIR EN Y

Prévoir d'attaquer le couloir avant le lever du soleil.
Au-dessus du refuge, partir à l'est (sentier le long de la prise d'eau) et remonter au nord-est la moraine, pour prendre pied après 45 mn environ sur le glacier des Améthystes. Poursuivre par sa rive droite, dépasser la base du Minaret, et vers 3 300 m atteindre le pied du couloir en Y. (1 h 30 du refuge)

Ascension : franchir la rimaye sur la droite si elle est bien bouchée (exposée aux chutes de pierres). Sinon attaquer en contrebas à droite, par le rognon rocheux qui borde le couloir ; remonter une cheminée raide inclinée à gauche, et aller en ascendance à gauche (rochers délicats) pour aborder le couloir, au-dessus de sa rimaye (quelques pas de 3b). Traverser la rigole d'écoulement pour remonter la rive droite. Après avoir dépassé la branche de gauche, poursuivre dans celle de droite, au centre, jusqu'à un col bien marqué sur la crête, à gauche du contrefort granitique de Flèche Rousse. Vers le nord-ouest, par la pente en bordure de l'arête, gagner rapidement le sommet. (2 à 3 h de l'attaque. Croquis p. 27)

Descente par le glacier du Milieu : voir ci-dessus.

Le versant sud d'Argentière, côté Améthystes.

Flèche Rousse

Difficulté : III/AD, assez longue course mixte. Pentes de neige à 50/55°, rocher 4b. Manœuvres de corde et recherche d'itinéraire. Descente par le glacier du Milieu, raide au départ (400 m à 45°).

Horaire : approche 2 h 30, ascension 3 à 5 h, descente 2 h.

Dénivellation : 430 m de la rimaye au sommet.

Conditions favorables : type de course où un peu de neige devient un atout, si elle est stabilisée. Temps clair et froid.

Matériel : crampons, piolet + 1 piolet court (en cas de glace), corde pour rappel de 25 m, descendeur, 3 broches, 3 dégaines, 3 mousquetons, sangles dont 3 grandes, coinceurs, coinceurs à cames 0.4 à 2, casque, frontale.

1re ascension : G.-H. Morse, J.-H. Wicks et Cl. Wilson, 3 août 1893.

D) FLÈCHE ROUSSE

Du refuge, suivre vers le nord-est les tuyaux de captage d'eau. Par un sentier intermittent rejoindre en ascendance à droite le fil puis le sommet de la moraine du glacier des Améthystes, sur lequel on prendra pied, vers 3 100 m (45 mn). Remonter sa rive droite, passer sous le couloir en Y et poursuivre jusqu'à la base du premier des trois gendarmes qui dominent à gauche (nord) le col du Tour Noir et le début de l'arête de Flèche Rousse. 2 h 30.

Ascension : s'engager dans la pente qui longe vers le nord toute la muraille que forment ces gendarmes, en appuyant à gauche pour atteindre par un bref couloir un col sur le fil de l'arête. Après avoir tourné un pinacle côté Saleina, franchir un ressaut mixte et atteindre un large replat. Ne pas être tenté de contourner le ressaut qui domine par la droite, mais descendre versant Améthystes un couloir d'aspect rébarbatif, sur une vingtaine de mètres, et remonter en face dans le versant sud-est, une cheminée oblique assez raide (30 m, 4b, rocher délicat). Des vires ramènent à droite et permettent de prendre pied dans un large couloir neigeux qui longe la crête en contrebas, en formant un coude dans sa partie supérieure. Le remonter au mieux jusqu'à regagner le fil de l'arête, puis par une échine mixte raide arriver au pied de la Flèche Rousse. Passer versant Améthystes, gravir quelques rochers raides mais faciles, contourner par la gauche un auvent rocheux, passer sous la grande lame qui donne le nom de Flèche Rousse et atteindre le sommet par quelques blocs (3 832 m, 3 h). Effectuer un rappel de 20 m versant nord dans un ressaut lisse. Par des gradins prendre pied sur une selle neigeuse (3 827 m), descendre à un large col (sortie du couloir en Y) et gagner le sommet d'Argentière par l'arête facile (30 mn). 4 h de l'attaque.

Descente versant ouest par le glacier du Milieu : cf. voie Whymper.

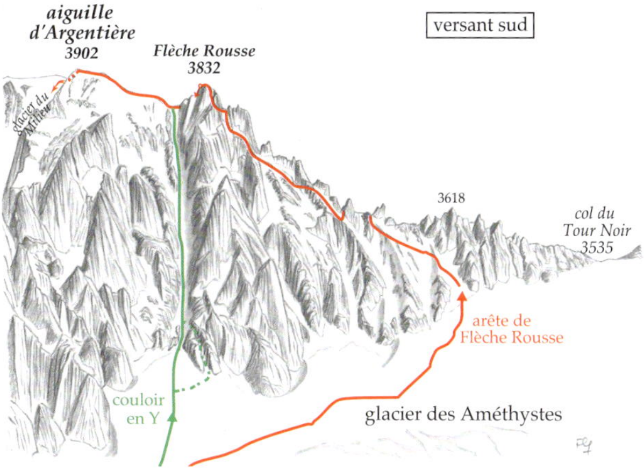

Départ de l'arête de Flèche Rousse.

05

PETITE VERTE (3 512 M)

VOIE NORMALE
FACETTE NORD - COULOIR CHEVALIER

Départ : col des Grands Montets (3 233 m), sous la gare supérieure du téléphérique homonyme, au départ d'Argentière. Voir p. 96.

Voie normale et facette nord

Difficulté : I/PD course mixte, pente raide pour l'accès à l'arête et quelques pas de 3b en rocher ; s'assurer tout en progressant.
- *Facette nord :* I/AD, 50°.

Horaire : du col au sommet 1 h 30 à 2 h. Descente 1 h.

Dénivellation : 279 m.

Conditions favorables : mai à octobre ; surveiller le niveau d'enneigement, la glace apparaît vite.

Matériel : crampons, piolet, corde, 2 broches à glace, sangles variées, 3 dégaines, 5 mousquetons, quelques câblés, casque.

1re ascension : J.-E. et R. Charlet avec P. Charlet, septembre 1886.

Le bref mur d'accès au sommet à la descente.

Simple épaulement précédant l'arête des Grands Montets à l'aiguille Verte, ce modeste sommet pourrait bien donner du fil à retordre aux alpinistes mal préparés. L'accès en remontée mécanique, l'absence de marche d'approche et le niveau peu difficile de sa voie normale ne dispenseront jamais d'un minimum de préparation en école de glace... Sur cette arête, sont en effet condensées quelques-unes des caractéristiques propres à la haute montagne : contraintes de l'altitude et du vide, rimaye parfois délicate, terrain mixte, plaques de glace, passages rocheux parfois franchis crampons aux pieds, progression en simultané... Les vues rapprochées sur le Nant Blanc et le versant nord du Dru sont saisissantes et resituent le caractère ludique de la Petite Verte, qui reste une très belle course d'initiation.
En début de saison, offrez-vous la face nord, direc-tement sous le sommet, bon exercice de style, à éviter si trop de cordées dominent la voie.
Le couloir Chevalier, exposé est, doit être attaqué au cœur de la nuit, afin de sortir en même temps que le soleil, faute de quoi l'aventure peut devenir périlleuse... L'originalité du parcours réside dans une trajectoire en diagonale, ce qui oblige à remonter d'étroites goulottes, à passer sans cesse de l'une à l'autre en chevauchant les crêtes qui les séparent. 2 piolets sont donc fort utiles, et la cordée doit être homogène, capable de se frotter à un mur de glace, petit supplément d'émotion procuré par la rimaye franchie de nuit.
On appréciera l'orientation quand, presque arrivés au terme du couloir, on verra le soleil rosir les rochers alentour, réchauffant biceps et mollets. La cime atteinte, il ne restera plus qu'à gravir la face nord et descendre prudemment vers le téléphérique pour le retour au bercail !

VOIE NORMALE ET FACETTE NORD

Voie normale : du col des Grands Montets (atteint en descendant les escaliers sous la gare supérieure du téléphérique), remonter les larges pentes modérées, plein sud d'abord, puis en tirant SW vers l'épaule bien marquée de l'arête. Passer la rimaye par la droite (ouverte et délicate en fin de saison), et déboucher sur l'épaule. Après une longue portion en contrebas du fil de l'arête (nombreux becquets pour l'assurage),

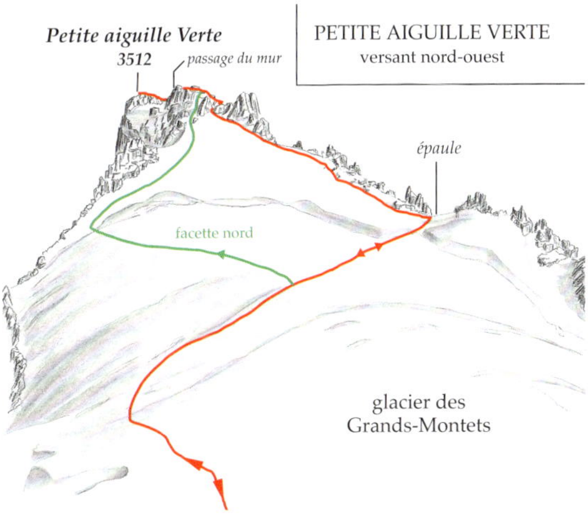

rejoindre celle-ci à une petite brèche rocheuse bien individualisée (on peut laisser crampons et piolets). Après un petit mur (3b) et un replat, on parvient à une cassure de l'arête (la salle à manger), à 60 m environ du sommet constitué de quelques lames rocheuses. Il faut pour y accéder, descendre un court mur raide, mais assez facile (3c), en se laissant glisser pendu par les mains (au retour il est aisé à remonter). En quelques minutes, on parvient facilement à la « vraie » cime. (2 h)

Descente : par le même itinéraire. (1 h)

Facette nord : (prévoir 4 broches) au replat qui suit la pente d'attaque, se diriger vers le sud-est pour rejoindre la rimaye sur le bord gauche de la paroi, ce qui permet d'être à l'abri des dangers objectifs venant des cordées de la voie normale. Une fois franchie la rimaye, tirer à droite sous les rochers (2 longueurs de 50 m) avant de partir droit vers une brèche de l'arête (3 longueurs).
Remarque : on peut aussi gravir l'arête nord-est par son fil depuis la rimaye.

Descente : par la voie normale. (1 h)

La Petite Verte, avant la Grande...

Couloir Chevalier
Départ : col des Grands Montets ou refuge d'Argentière (accès p. 94).
Difficulté : II/AD+ à D selon les conditions, de la rimaye notamment ; inclinaison moyenne 50/55°
Horaire : approche 3 h du refuge, ou 20 mn du col des Grands Montets ; ascension 3 h, descente 1 h.
Dénivellation : de la rimaye au sommet : 340 m, dont environ 250 m pour le couloir.
Conditions favorables : printemps et tout début de saison ; après, le couloir disparaît ! Partir très tôt.
Matériel : crampons, piolet + piolet-traction, corde, 3 broches à glace, sangles, 3 dégaines, 4 mousquetons, coinceurs, casque, frontale.
1re ascension : H. Cameré et Pierre Chevalier, 23 août 1930.

COULOIR CHEVALIER

Il faut impérativement attaquer le couloir avant le lever du soleil et par bonnes conditions de gel.
a) Du refuge d'Argentière, traverser le glacier pour le descendre rive gauche, et vers 2 600 m tirer en diagonale à gauche pour remonter (ouest) en longeant la moraine des Rognons. Vers 3 050 m (peu après un petit monolithe rocheux), partir en diagonale à gauche (sud) pour rallier le pied du couloir. (3 h)
b) Du col des Grands Montets, descendre vers l'est (rimaye) et longer à droite la base du versant nord-est de la Petite aiguille Verte, jusqu'au pied du couloir. (20 mn)

Ascension : franchir la rimaye et remonter la pente en diagonale à droite, de rigole en rigole, jusqu'au colu où débouche le couloir, plutôt vers la droite (ne pas se laisser attirer par une portion raide dans l'axe de la goulotte principale). La sortie du couloir est parfois mixte, ou carrément rocheuse. On prend pied au bord de la face nord de la Petite Verte que l'on remonte en quelques longueurs à 50° jusqu'au sommet. (3 h de la rimaye)

Descente : par l'arête ouest (voie normale)sur le col des Grands Montets. (1 h. Croquis p. 29 et ci-contre)

À gauche du col des Grands Montets, le couloir Chevalier.

De goulotte en goulotte...

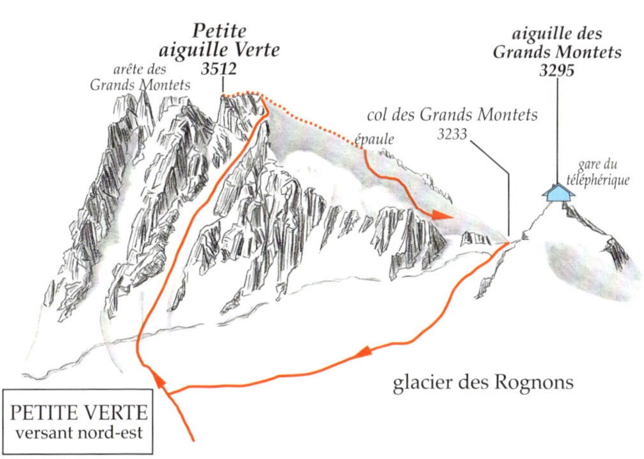

LES DROITES (4 000 M)

CONTREFORT ORIENTAL, VOIE NORMALE VERSANT SUD

Départ : refuge du Couvercle (2 687 m). Accès p. 94.
Difficulté : III/AD+, dominante neige, couloir et pentes à 45/50°. Ressaut rocheux 100 m, 4c, sens du cheminement. Descente : rappels parfois délicats puis pentes à 45°.
Horaire : approche 2 h, ascension 3 à 4 h, descente 3 h.
Dénivellation : 600 m de la rimaye au sommet.
Conditions favorables : la neige en versant sud transforme rapidement, ce qui permet une ascension assez tôt en saison. Le rocher doit être suffisamment sec, mais la rimaye s'ouvre vite. Pentes avalancheuses sous le col des Droites, tenir l'horaire pour les descendre avant qu'elles soient trop ramollies.
Matériel : crampons, 2 piolets-traction, corde pour rappels de 50 m indispensable, descendeur, 3 broches, corps-mort, 5 dégaines, 5 mousquetons, sangles dont des rechanges/rappels, coinceurs, coinceurs à cames 0.75, 1, 2, quelques pitons, casque, frontale.
1re ascension : H. Cordier, T. Middlemore, J. Oakley Maund, J. Jaun, A. Maurer, 7 août 1876.

Au même titre que les Grandes Jorasses, le Pilier d'Angle ou les Drus, les Droites inspirent le respect. Que l'on soit chevronné ou en quête des premiers rudiments techniques, on ne peut ignorer ces grands sommets qui, par leur configuration et leur histoire, édifient au fil du temps la mythologie alpine. Dominant le glacier d'Argentière, sa face nord allie l'élégance des draperies neigeuses avec la force rustique des éperons de granit entre lesquels s'écoulent de vigoureuses cascades de glace. Tous les itinéraires de ce côté-là sont mythiques et la sévère muraille mesure plus de 1 000 mètres... Sur le versant sud, celui de Talèfre, les Droites se font plus sages. Les lignes s'ordonnent à partir de la longue arête sommitale, crénelée comme une muraille moyenâgeuse. Deux sommets émergent de ce chaos primitif, l'un à l'ouest à plus de 3 900 m, l'autre à l'est estampillé 4 000 tout rond. Par bonheur, un pilier massif s'abaisse directement depuis la minuscule canine neigeuse du point culminant, jusque sur le glacier, un millier de mètres plus bas.
C'est le contrefort Oriental, que nous recommandons. Il passe à la montée par le couloir sud-ouest et la crête de l'éperon, franchit un ressaut rocheux où le 4c s'apparente au terrain d'aventure un brin verglacé, pour conclure par une arête de neige tendue vers la cime idéalement aérienne. À mesure que l'on progresse, tout le versant sud

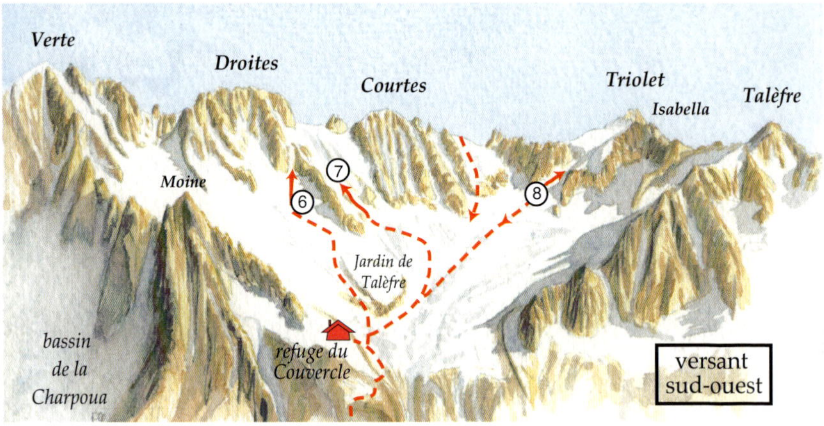

Du sommet des Droites, les Jorasses et le mont Blanc.

La face nord des Jorasses depuis l'arête finale.

révèle ses trésors intimes, la Verte et les Courtes s'élancent à l'assaut du ciel par-dessus la Mer de Glace, les Jorasses fendent l'espace tel un vieux steamer tandis que l'immense versant oriental du mont Blanc se prend pour l'Himalaya.

ITINÉRAIRE

Du refuge, par le sentier vers l'est descendre sur le glacier de Talèfre (2 640 m, 10 mn). Le remonter par son centre, au nord, jusque vers 3 000 m en tournant le Jardin de Talèfre par la gauche. Appuyer alors nord-est en direction du couloir SW qui entaille le flanc gauche du contrefort oriental. Par un mouvement tournant de droite à gauche éviter une crevasse, et atteindre la rimaye (3 400 m). (2 h. Aquarelle p. 32)

NB : si le glacier est trop ouvert, contourner le Jardin par le sud et rejoindre l'attaque vers le nord, en longeant le flanc est de l'éperon oriental (2 h 30)

Ascension : franchir la rimaye (ou rochers rive droite). Remonter le couloir (45°, 180 m env.) et déboucher sur la crête neigeuse ou mixte que l'on quittera assez vite pour passer versant sud-est afin de gagner, en ascendance à droite le pied du ressaut rocheux, vers 3 700 m (1 h 30). S'élever par des rampes à droite puis revenir près du fil à gauche en 2 ou 3 zigzags (fissures/cheminées, 4b/c, verglas). Sommet du ressaut vers 3 800 m (1 h). Remonter en oblique à gauche la raide pente de neige, pour atteindre la belle arête qui amène au pied d'une tour rocheuse. La contourner par la droite et gravir un dièdre ouvert assez raide (mixte, 30 m). Passer à gauche d'un ultime bloc rocheux et sortir au sommet (40 mn). 3 à 4 h de la rimaye.

Descente versant sud-est : revenir sous le sommet. Un 1er rappel ramène au pied de la tour. De là, en 5 ou 6 rappels dans le couloir qui s'ouvre au sud-est, le plus souvent rive gauche, et en tirant très à gauche à la fin dans le ressaut qui le ferme (relais à renforcer). Lorsqu'on prend pied dans les pentes de neige, aller en oblique à gauche vers l'aplomb du col des Droites. Descendre alors tout le versant sud (45 puis 40°), en appuyant à droite jusqu'à la rimaye (3 230 m env., 45 mn). Effectuer un large mouvement tournant de gauche à droite (crevasses) pour atteindre le glacier de Talèfre et la trace de retour des Courtes. Passer au sud du Jardin et retrouver au sud-ouest le sentier du refuge (45 mn). 3 h du sommet.

La pente de neige avant l'arête finale.

Le Jardin de Talèfre avec la Verte et les Droites.

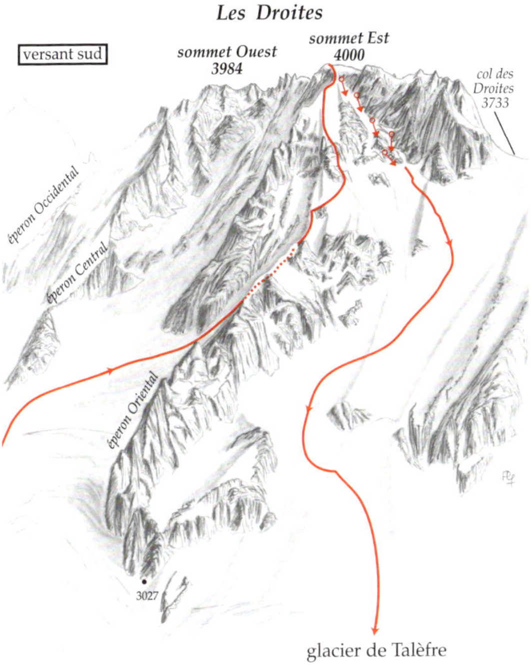

LES COURTES (3 856 M)

TRAVERSÉE

Départ : refuge du Couvercle (2 687 m) ; 3 h du Montenvers. Accès p. 94.
Difficulté : III/PD+ à AD selon les conditions. Course mixte complète sur une arête aérienne (corniches), avec recherche d'itinéraire ; pentes d'attaque à 40° ; ensemble assez long.
Horaire : du refuge au sommet 4 à 5 h, traversée et descente 3 h jusqu'à la rimaye, de là au refuge 1 h.
Dénivellation : 1 170 m.
Conditions favorables : juin à septembre, par neige stabilisée (pentes avalancheuses) et bonnes conditions de gel. Plus agréable à descendre quand le versant sud n'est pas trop sec.
Matériel : crampons, piolet, corde pour rappel de 30 m, descendeur, 2 broches à glace, sangles variées, 3 dégaines, 4 mousquetons, coinceurs à câble, casque, frontale.
1re ascension : arête WNW : O. Schuster et A. Swaine, 17août 1897.
Arête SE : E. Fontaine avec J. Ravanel et L. Tournier, 11 juillet 1904, à la descente.

Que l'homme est petit quand on le contemple du haut de la mère de Glace !* Parfait philistin, et malgré ses *lapsus calami,* Monsieur Perrichon a fait bien des adeptes, marcheurs contemplatifs, esthètes du solstice d'été ou sportifs téméraires. C'est souvent tout gosse qu'on la découvre figée, avec ses anneaux d'alligator paresseux. Un peu déçu tout de même : une mer, ça bouge non ?
Plus tard, devenu grimpeur, il faudra bien un jour aller tout en haut, là où cet océan volage vient araser le granit. Ce sera un voyage initiatique, avec moraine purgatoire, barreaux de fer aux Égralets, pour enfin découvrir l'éden de Talèfre avec les refuges du Couvercle : l'ancien avec son incroyable casquette de protogine, le nouveau et sa terrasse suspendue, face aux Grandes Jorasses. On les retrouvera au loin, toujours imposantes, depuis la superbe arête mixte qu'emprunte la traversée des Courtes.
Ce long périple entre deux univers contrastés exige une bonne pratique des techniques de base ainsi qu'une condition physique irréprochable, mais les difficultés sont fort raisonnables. Il faudra surtout un sens aigu de l'itinéraire dans certaines sections : trouver la boîte aux lettres dans l'aiguille Chenavier, le bon cheminement pour contourner l'aiguille Qui Remue, ou encore le système de rampes qui délivre la clé de la rimaye en fin de descente.
Calculez l'horaire pour aborder l'arête sommitale au petit jour : la neige sera dure, bonne à cramponner, vous serez donc plus efficace et conserverez une appréciable marge de sécurité. Cette montagne a vraiment du caractère : le vide se creuse, la sensation d'éloignement est grande, et l'engagement certain en cas de mauvais temps. De retour au refuge, vous redécouvrirez le bonheur d'exister, le filet d'eau sur la pierre, la veillée parmi les humains, et vous vous sentirez sûrement plus montagnard...

ITINÉRAIRE

Ascension par l'arête WNW : du refuge, suivre vers le nord-est le sentier (cairns) qui permet de prendre pied sur le glacier de Talèfre (30 mn). Passer au sud du Jardin, et vers 2 850 m obliquer plein nord pour remonter au début les pentes issues du col des Droites. Vers 3 350 m traverser en ascendance à droite, suivre un moment une côte

* cf. *Le Voyage de Monsieur Perrichon*, comédie d'Eugène Labiche (1860) où, à cette inscription sur le livre des voyageurs au Montenvers, le personnage du commandant répond : « *Je ferai observer à M. Perrichon que la mer de Glace n'ayant pas d'enfant, l'e qu'il lui attribue devient un dévergondage grammatical.* »

Arrivée au sommet devant les Droites.

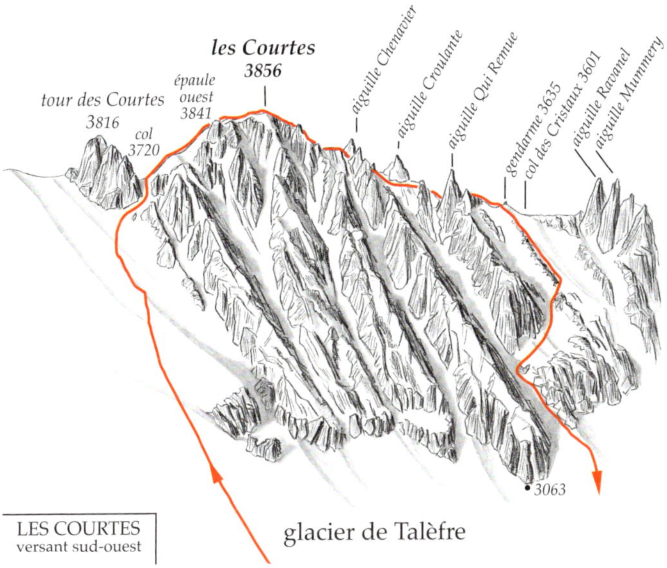

Ci-dessous en haut : l'attaque des Égralets.
Ci-dessous en bas : les Courtes côté Talèfre.

neigeuse et avant son sommet, traverser à droite sous la Tour des Courtes, pour remonter le couloir qui débouche au col homonyme (3 720 m ; 3 h 30). De là, après une pente raide, suivre l'arête de neige aérienne jusqu'au sommet (1 h). 4 à 5 h du refuge. (Aquarelle p. 33)

Traversée et descente : par le fil de l'arête sud-est, descendre jusqu'au débouché de la pente nord-est (gros blocs ou neige). On aboutit au pied de l'aiguille Chenavier. Repérer à droite de son sommet, un peu en contrebas, une boîte aux lettres (bloc + anneaux). Par une traversée à flanc (rocher médiocre, neige en début de saison) d'environ 30 m, la rejoindre. La traverser pour gagner le versant sud-est (si un bouchon de neige l'obstrue, monter au sommet de l'aiguille Chenavier et atteindre le versant sud-est par un rappel de 30 m). De là, continuer à descendre près du fil, puis traverser à droite au pied de l'aiguille Croulante (mixte ou blocs). Atteindre un col bien marqué, un peu en avant

L'arête sommitale des Courtes.

de l'aiguille Qui Remue (neige, vue sur la pente nord du col des Cristaux). Contourner cette pointe versant Argentière (est) par la pente neigeuse ou par un passage mixte raide (50 m environ). On débouche à une épaule (nombreux cristaux). De là, suivre l'arête qui s'élargit, jusqu'à un petit gendarme évident (2 h). Il marque la côte rocheuse ou enneigée que l'on descend versant Talèfre, pour, lorsqu'elle se perd dans la face, tirer progressivement à droite (cairns, système de vires, névés ou couloirs à traverser). On aboutit au bord du couloir issu de l'aiguille Croulante (paroi raide à droite). Descendre sur sa rive gauche, et passer la rimaye, plutôt par la gauche, pour prendre pied sur le glacier de Talèfre (1 h).
Regagner le refuge vers le sud-ouest. (4 h du sommet)

08

POINTE ISABELLA (3 761 M)

VOIE NORMALE

Départ : refuge du Couvercle (2 687 m) ; 3 h du Montenvers. Accès p. 94.
Difficulté : II/PD+ itinéraire en majorité glaciaire, avec deux courts ressauts rocheux et une arête aérienne à 35/40°, cheminement assez crevassé.
Horaire : du refuge au sommet 4 à 5 h. Descente en 3 h.
Dénivellation : 1 074 m.
Conditions favorables : impérativement quand la neige est bien stabilisée. Délicat en fin de saison si le glacier est trop ouvert.
Matériel : crampons, piolet, corde, 2 broches à glace, sangles variées, 2 dégaines, 4 mousquetons, quelques câblés, frontale.
1re ascension : Miss Isabella Straton avec J.-E. et P. Charlet, en 1875.

Prénom romantique, Isabella est tout à fait digne de figurer sur un relevé topographique, mais quelle mystérieuse héroïne se cache derrière cette pointe ?
Jeune aristocrate britannique, Mary Isabella Straton délaissa bien vite ses *cottages, toffees* et *five o'clock teas,* pour s'imposer dans le Landerneau viril des vallées alpestres. Elle fait partie de cette fratrie de pionnières en alpinisme féminin, qui écuma sans vergogne le massif du Mont-Blanc à la fin du XIXe siècle. Non contente de rafler quelques prestigieuses ascensions en compagnie de son guide préféré Jean Esterel Charlet, elle finit par convoler en justes noces avec son prince charmant. On retrouve entre autres leur paraphe complice sur le Moine, la première hivernale du mont Blanc, la Persévérance, et au fond du bassin de Talèfre, la vierge pointe, promptement baptisée Isabella.
Il s'agit d'une course à dominante glaciaire, dont on appréciera les richesses, dans un niveau de difficulté bien tempéré : montée progressive aux dernières heures de la nuit, étonnants passages à proximité d'une cascade de séracs, louvoiements audacieux le long de profondes crevasses, pures arêtes qui

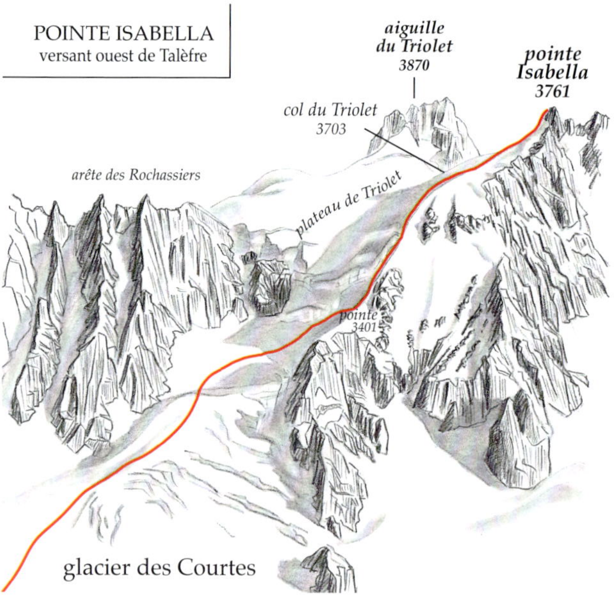

Le bastion sommital, à « tourner » par la gauche.

sculptent le chemin idéal, celui qui conduit aux confins de la matière, là où se déploient les larges horizons. À toutes fins utiles, cette plaisante ascension est le retour obligé d'une grande face nord : celle du Triolet. Un jour peut-être serez-vous ravi d'en connaître les arcanes...

ITINÉRAIRE

Du refuge du Couvercle, descendre par le sentier vers l'est, pour prendre pied sur le glacier de Talèfre. Passer sous le Jardin homonyme et remonter les pentes modérées, plutôt nord-est, en décrivant un large arc de cercle de gauche à droite. Accéder ainsi à la rampe glaciaire (glacier des Courtes) qui longe la base du versant sud de l'arête des Rochassiers. Remonter rive droite au début puis atteindre, vers 3 350 m, un petit cirque au pied des séracs issus du plateau de Triolet. Traverser alors plein sud, pour rejoindre la base d'une arête neigeuse peu inclinée, juste au-dessus du grand éperon rocheux qui limite la face à droite (pointe 3401 m). Suivre cette arête (25° sur 100 m environ). Franchir aisément la courte barre rocheuse qui suit droit au-dessus. On débouche au pied d'une seconde arête neigeuse, plus marquée, très esthétique, longue d'environ 150 m (30 puis 35°). La suivre (vue saisissante sur les séracs de la face Ouest, à gauche). Après une courte traversée, suivre un épaulement puis une échine qui s'oriente vers l'est. Elle permet d'aborder le bastion rocheux sommital au-dessus du col du Triolet. De là, franchir la rimaye et remonter à droite l'arête nord-est (neige, puis lames et blocs rocheux, 3/3c) jusqu'au sommet Nord, point culminant. (4 à 5 h. Aquarelle p. 33)

Descente par le même itinéraire : 2 à 3 h jusqu'au refuge.

Vue générale sur la course.

AIGUILLE DE L'ÉBOULEMENT (3 599 M)

COULOIR SUD-OUEST ET TRAVERSÉE

Départ : refuge de Leschaux (2 450 m). Accès p. 95.
Difficulté : II/AD inf. couloir de neige à 45/50°. Descente : 150 m de couloir à 35/40°
Horaire : approche 3 h, ascension 2 h, descente 2 h.
Dénivellation : du refuge au sommet 1 200 m, dont 400 pour le couloir.
Conditions favorables : neige stabilisée, pentes purgées (énorme cône d'avalanche). Printemps de préférence.
Matériel : crampons, piolet, un 2e outil par cordée (rimaye), corde, 3 broches, corps-mort, 3 dégaines, 3 mousquetons, sangles, coinceurs, casque, frontale.
1re ascension : C.-E. Mathews, A.-A. Reilly, M.-A. Ducroz, M. Balmat, 7 juillet 1866.

Disons tout de go que l'aiguille de l'Éboulement est la plus mal nommée du massif et qu'il faudrait la rebaptiser, sinon Joyau dans le Lotus, au moins aiguille des Horizons Gagnés ! Le nom d'un sommet a donc une importance capitale. Dans le cas présent, un bouleversement gigantesque est à l'origine de l'appellation, et il faut passer outre afin de s'offrir ce voyage sans grandes difficultés dans un secteur ultra-confidentiel du massif. Les barrières naturelles qui sertissent le bijou sont prestigieuses : Jorasses (Grandes et Petites), aiguille de Leschaux, intimidantes itou, mais au fil de l'ascension elles se révéleront familières, offertes à portée de regard comme nulle part ailleurs. Si l'on veut repérer l'ensemble de la traversée, le meilleur point de vue reste les Périades.
On découvrira l'élégante coulée neigeuse qui débouche à l'aiguille. Techniquement, seule la rimaye peut opposer un obstacle vertical de quelques mètres, qui sera l'occasion d'appliquer vos écoles de glace en situation. L'inclinaison

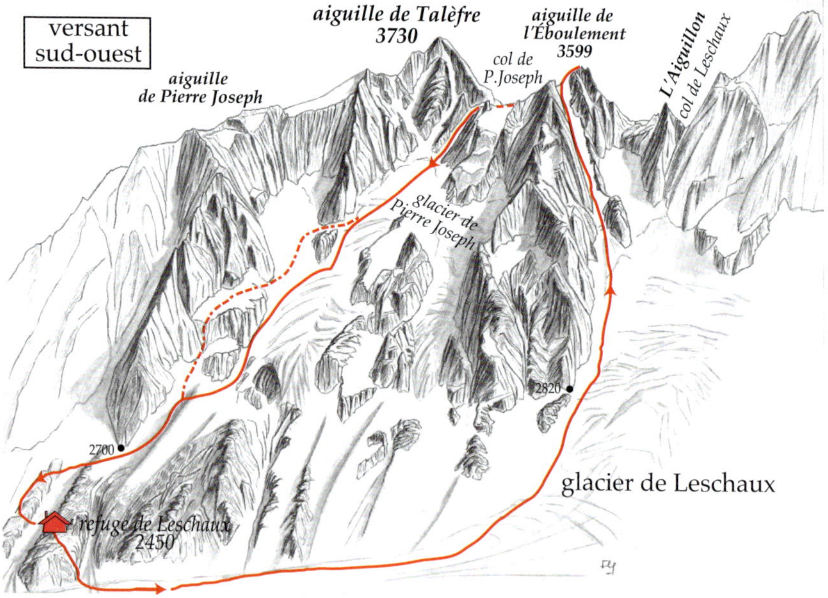

À la sortie du couloir devant la face nord des Jorasses.

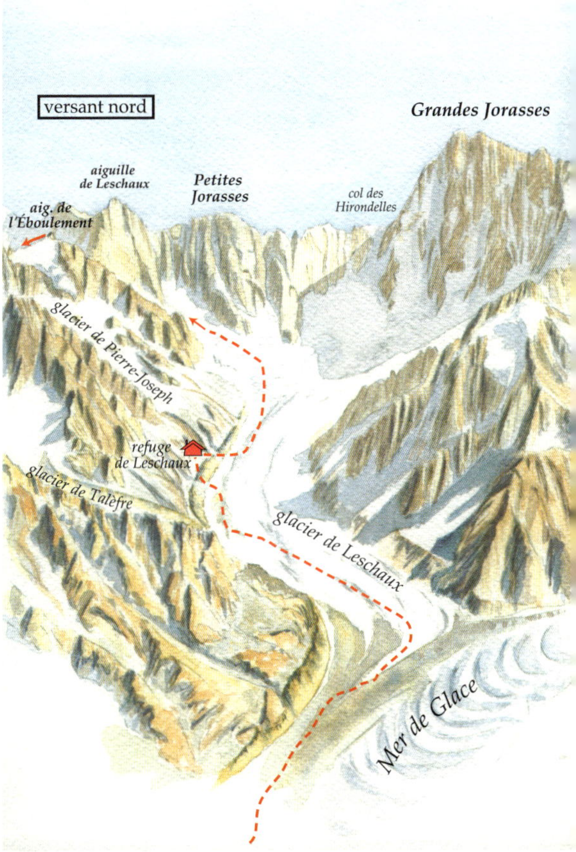

Le couloir, au-dessus du glacier de Leschaux.

est comparable à celle du couloir de la Table à l'aiguille du Tour, avec un retour sensiblement plus long, sur un glacier où l'on a moins de chance de trouver une trace. Le bref couloir de descente, raide au début, sera un excellent test d'équilibre et vous habituera à l'impression de vide causée par les fuyantes. S'il le faut, descendez face à la pente pour plus de sécurité, mais si la neige est sûre, que les crampons mordent bien, osez le « tout aval »...

Il faut insister, le panorama qui s'ouvre, le coup d'œil inhabituel sur le Linceul, la Walker ou la Ouest des Petites Jorasses méritent le déplacement. Au sommet, vous serez conquis par « l'aiguille des Horizons Gagnés »...

ITINÉRAIRE

Repérer la veille l'arrivée au-dessus du refuge, près du captage d'eau, car peu évident lorsqu'on arrive d'en haut.
Descendre sur le glacier (15 mn).
Remonter sa rive droite (sud-est). Vers 2 700 m, s'engager (est) dans sa branche supérieure. Dépasser un îlot rocheux vers 2 800 m et remonter (nord-est) les pentes soutenues et crevassées, en serrant rive droite. Atteindre la rimaye du couloir vers 3 150 m, juste à gauche de l'arête SW issue du sommet de l'aiguille de l'Éboulement. (3 h. Dessins p. 43)

Ascension : si la rimaye ne passe pas, utiliser les rochers rive droite (50 m env., coinceurs et sangles) et revenir dans le couloir. Le remonter en appuyant à droite vers la fin, pour sortir à un colu. Par une brève arête rocheuse vers l'est, atteindre le sommet. (1 h 30 à 2 h)

Descente par le glacier de Pierre-Joseph : revenir au colu et descendre par une arête et une pente de neige faciles (nord puis nord-ouest) au col de Pierre-Joseph (3 500 m, 10 mn). De là, descendre un peu puis remonter au nord et passer à droite d'un gendarme bifide, pour s'engager dans le couloir qui s'ouvre versant ouest. Après 50 m, aller au nord par une vire neigeuse d'abord montante puis descendante. On accède ainsi au couloir de descente (35/40°, 100 m env.) qui permet de prendre pied sur le glacier (rimaye vers 3 300 m). Le couloir à gauche du gendarme passe aussi, mais rochers délités au départ, puis neige/glace assez raide (40/45°). Descendre en oblique vers la rive droite du glacier, que l'on suivra tout le long. Vers 2 750 m, appuyer en diagonale à droite pour couper l'ancienne moraine latérale. À l'aplomb du point coté 2 700 (base de l'arête SW de l'aiguille Pierre-Joseph), descendre droit jusqu'aux pelouses au-dessus des barres qui dominent le refuge. Appuyer en diagonale à droite (nord-ouest, sentier intermittent) et couper un petit torrent que l'on suit un peu, avant de revenir à gauche sur le refuge. (2 h)

Remarque : si le glacier est trop ouvert, dès le plateau supérieur tirer à droite pour prendre pied sur une selle neigeuse ou terreuse, située sous l'arête SW de la Petite aiguille de Talèfre. Par des dalles faciles et un ravin d'éboulis (ou neige), on parvient au sommet de la moraine précitée.

L'aiguille de l'Éboulement et le glacier de Pierre-Joseph. Au fond à gauche, le Grand Combin et le Cervin. À droite, l'aiguille de Leschaux devant le mont Rose.

AIGUILLE DE ROCHEFORT (4 001 M)

TRAVERSÉE DES ARÊTES

Départ : refuge Torino (3 371 m) ; accès en téléphérique sur le versant italien, ou côté français par la traversée de la vallée Blanche (2 h 30 ou télécabine). Voir p. 95.
Difficulté : III/AD, course d'arête neigeuse, aérienne et cornichée, en altitude. Accès et sommet mixte ou rocheux.
Horaire : 4 h du refuge. Retour par le même itinéraire en 3 h.
Dénivellation : 630 m.
Conditions favorables : juin à octobre. S'assurer que l'enneigement ne soit pas trop abondant.
Matériel : crampons, piolet, corde, sangles, 2 broches, 3 dégaines, 4 mousquetons, frontale.
1re ascension : E. Allegra avec L. Croux, P. Dayné et A. Brocherel, 18 juillet 1900.

Frontière naturelle entre France et Italie, l'arête de Rochefort est l'une des plus parcourues de toutes les Alpes, mais son altitude constante au royaume des 4 000 n'est pas à négliger : il faut y arriver acclimaté pour savourer le paysage sans s'époumoner. Les difficultés restent modérées ; l'accès commode et l'aller-retour rapide au pied de la Dent du Géant autorisent pour les cordées efficaces l'escalade de cette canine arrogante. Les photographes amateurs auront du mal à garder leur sang-froid devant la beauté des corniches, l'élégance des pointillés qui soulignent la légèreté de cette sculpture en plein ciel. On peut se poser la question d'une glissade accidentelle sur l'un ou l'autre des versants. Comment réagir ? Les réflexes seuls peuvent sauver du précipice, sinon, qui aurait l'aplomb de sauter du côté opposé où tomberait un compagnon de cordée !
La paroi rocheuse qui donne accès à l'aiguille de Rochefort vous renseignera sur vos capacités à trouver la voie la plus logique, comme sur votre aisance à désescalader ce bastion plutôt que d'effectuer deux rappels, si vous revenez sur Torino. De cette pointe en rocher brisés, la vue sur les Jorasses, comme le survol panoramique de l'arc alpin sont exceptionnels…

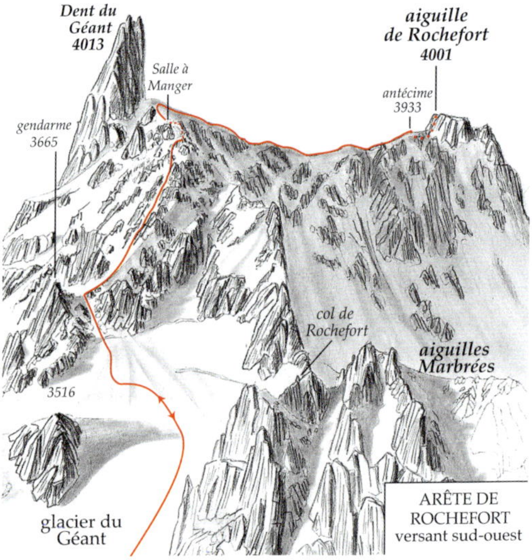

ARÊTE DE ROCHEFORT versant sud-ouest

Entre terre et ciel.

ITINÉRAIRE

Approche : du refuge Torino, traverser vers le nord-est la cuvette, un peu au nord du col du Géant, puis passer au pied des aiguilles Marbrées. Remonter le haut du glacier, jusqu'à atteindre sur la gauche le pied du couloir qui raye la base du contrefort rocheux, à peu près à l'aplomb de la Dent du Géant. Passer la rimaye (vers 3 600 m) et remonter ce couloir jusqu'à déboucher sur une épaule, à droite du gendarme rougeâtre coté 3 665 m (si le couloir est en glace ou trop sec, gravir en zigzag les rochers qui bordent sa rive droite, grâce à un système de vires commodes).
S'élever à droite dans des rochers brisés parfois mêlés de neige, passer un dièdre fissuré (3b) et appuyer encore à droite, en direction de l'arête qui limite la face au NE. Longer sa base en écharpe à gauche (petits murs faciles) jusqu'au pied d'un monolithe jaune que l'on tourne par la droite en descendant un peu au début (versant italien. Éboulement récent, ne pas traîner). Une brève pente facile conduit vers la droite à la Salle à Manger, au pied de la Dent du Géant. (2 h 30)

Ci-dessus : la haute Vallée Blanche avec le panoramique des Drus à la Dent du Géant.

Ci-contre : arêtes de Rochefort sur fond de mont Blanc.

Traversée : suivre alors l'arête vers l'est en contournant par la gauche le point 3933 m s'il est trop aigu. Descendre versant nord le col suivant (20 m, raide et exposé, un piton (à renforcer) pour assurage ou rappel selon conditions). Reprendre l'arête vers l'est, contourner quelques gendarmes plutôt par la droite, et atteindre le pied du ressaut rocheux de l'aiguille de Rochefort. Le franchir, d'abord droit sur 30 m (relais), puis aller à gauche pour attaquer le couloir qui conduit en 50 m obliques à droite à l'arête, tout près du sommet. (1 h 30)

Descente : par le même itinéraire.

Remarque : depuis la canicule de 2003, la traversée estivale vers le Montenvers via le glacier du Mont-Mallet est devenue très aléatoire. Trop ouvert, il peut se révéler infranchissable !
Se renseigner préalablement auprès de l'Office de Haute Montagne à Chamonix.

LA TOUR RONDE (3 792 M)

VOIE NORMALE
FACE NORD - COULOIR GERVASUTTI

Départ : refuge Torino (3371 m), accès en téléphérique sur le versant italien, ou côté français par la traversée de la Vallée Blanche (2 h 30 ou télécabine). Voir p. 95.

Facile d'accès et belvédère idéal au cœur du massif, la Tour Ronde pourrait bien devenir le parfait symbole des sommets délaissés, par la force des choses. Son altitude modérée en fait une cible rêvée pour le réchauffement qui affecte le capital neige du massif. La canicule de l'été 2003 n'en finit pas de laisser des cicatrices, et les faibles précipitations annuelles ne suffisent plus à combler le déficit. Les glaciers s'ouvrent, les pentes perdent leur sous-couche pour se transformer en conglomérat plus ou moins stable. Ainsi, la voie normale dégarnie présente nombre de blocs prêts à tomber, spontanément ou mobilisés par les cordées. Les non familiers des massifs alpins qui n'ont pas suivi cette évolution risquent gros à suivre aveuglément certaines voies. Avant de s'engager, il faut plus que jamais s'informer auprès des organismes compétents : OHM à Chamonix, bureaux de guides et sites professionnels (voir p. 96).

La Tour Ronde doit désormais être abordée avec discernement, seulement après une bonne chute de neige bien stabilisée. Sinon, IL FAUT RENONCER, ou partir depuis le col d'Entrèves et suivre l'arête en contrebas versant Brenva. C'est alors une tout autre entreprise, qui exige un solide sens de l'itinéraire et une bonne condition physique.

Depuis l'avènement du piolet traction, la face nord tend à se muer en école de glace, avec les excès dus au manque de pratique de l'alpinisme, en particulier le respect d'un départ nocturne. Est-il sérieux de grimper en plein après-midi comme cela se produit fréquemment ! Le goulet central tend à

Voie normale, l'arrivée au sommet.

Combe Maudite, Tour Ronde, arête Kuffner au mont Maudit et versant est du Tacul.

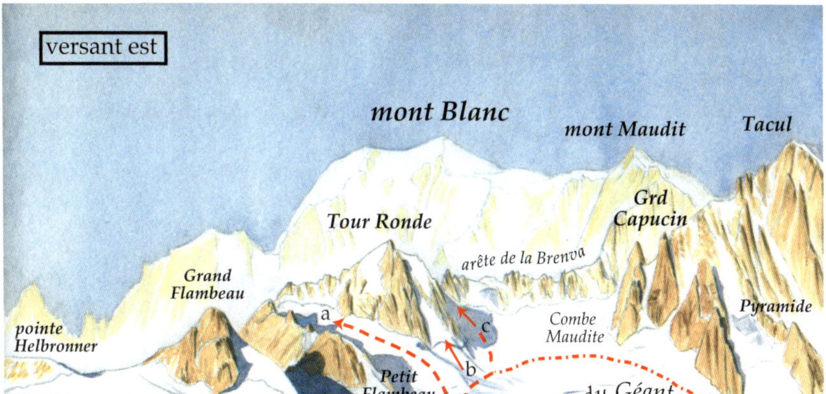

s'assécher et canalise tous les types de projectiles venus d'en haut. La variante « Crampon Futé », qui longe à droite la classique, permet de limiter ces risques. Encore faut-il qu'elle soit praticable…

Orienté à l'ouest, le couloir Gervasutti retient davantage la neige et offre une pente régulière agrémentée d'une sortie par le haut de la face nord. En revanche, la rimaye s'ouvre rapidement et peut opposer un rude obstacle.

À moins qu'un refroidissement radical ne rétablisse l'ordre naturel, il va falloir guetter le bon moment pour gagner la cime, sous la protection de la madone…

Voie normale

Difficulté : pente est et arête SE : II/PD mixte : pente et arête de neige à 40°, cramponnage classique, rochers faciles. Depuis le col d'Entrèves : II/AD glace et mixte, itinéraire parfois délicat, pas aussi évident qu'il ne paraît.
Horaire : du refuge au sommet 3 à 4 h ; descente 1 à 3 h.
Dénivellation : 421 m.
Conditions favorables : l'itinéraire varie selon les conditions : si la pente d'attaque est avalancheuse ou trop sèche, prendre l'arête SE à son origine, au col d'Entrèves.
Matériel : crampons, piolet, corde (rappel de 50 m parfois utile au-dessus du col d'Entrèves), 2 broches à glace, 3 sangles, 3 mousquetons, quelques câblés, casque, frontale.
1re ascension : J.-H. Backhouse, T.-H. Carson, D.-W. Freshfield, C.-C. Tucker avec D. Balleys et M. Payot, 22 juillet 1867.

VOIE NORMALE

Approche : du refuge Torino, passer (nord-ouest) le col des Flambeaux (3 407 m) puis descendre en diagonale vers le nord-ouest, sous le col et l'aiguille de Toule. Vers 3 300 m, replat. Partir ouest puis vers le sud en oblique ascendante, pour remonter le vallon glaciaire issu du col d'Entrèves. Repérer la pente qui prend naissance immédiatement à gauche du large bastion rocheux (environ 250 m à gauche de l'aplomb du sommet). (1 h)

Ascension

a) Pente est et arête sud-est : si l'enneigement est suffisant et stabilisé, passer la rimaye et remonter cette pente. Après environ 150 m, traverser à droite sous un bloc immeuble, pour ensuite rejoindre, après un S gauche-droite-gauche, l'arête SE. La suivre vers le nord. Après quelques blocs, elle se transforme en pente de neige assez brève. Gagner le pied du ressaut rocheux sommital que l'on franchira de gauche à droite, jusqu'à la vierge sur la cime. (1 h 30)
Remarque : si cette voie se révèle trop sèche, poursuivre par le vallon jusqu'à une selle neigeuse juste à droite et au-dessus du col d'Entrèves, dont elle est séparée par un petit groupe de rochers (3 540 m env.)

b) Par l'arête sud-est depuis le col d'Entrèves : remonter au mieux la pente à distance de l'arête (3 longueurs, 50/55°) en appuyant progressivement à droite jusqu'au départ d'une vire à droite, dominée par un dièdre jaune caractéristique. S'engager sur cette vire que l'on quitte rapidement pour remonter des rochers brisés (3b).
Après une petite flèche de granit gris et une dalle couchée, on atteint une brèche sur l'arête SE, juste à gauche d'un ressaut jaune de 10 m (dans lequel sort le dièdre, 40 mn). Par cette brèche, basculer versant Brenva que l'on traversera vers le nord-ouest, par des vires en contrebas de l'arête, à plus ou moins

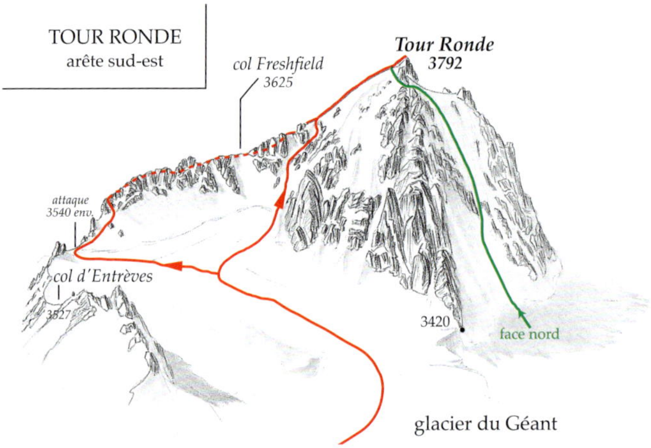

Devant le versant sud-est du Tacul, sortie du couloir Gervasutti.

grande distance selon le terrain (cailloux et terre souvent mêlés de neige ou glace, quelques cairns). Après environ une heure, rejoindre, en ascendance à droite le fil de la crête, au-delà des grands gendarmes qui dominent. On passera, ou non, par le col Freshfield, et après avoir contourné, toujours versant Brenva, un petit monolithe, atteindre le replat où sort la face est. De là au sommet, par du mixte et une échine neigeuse assez raide, puis le court ressaut final. (2 h 30 à 3 h du col)

Descente : par l'un ou l'autre des itinéraires, selon état des lieux et horaire si l'on vient des autres voies. (De 1 à 3 h)

Face nord
Difficulté : Classique : II/D inf. course glaciaire assez brève, avec une section à 55/60°, le reste entre 40 et 50°. Crampon Futé : II/D, 55/60° plus exposé.
Horaire : approche 1 h (2 h depuis les Cosmiques), ascension 2 à 3 h, descente 1 à 3 h.
Dénivellation : 350 m environ pour la face.
Conditions favorables : dès que la neige est stabilisée ; mai à septembre, parfois même l'hiver. Par été sec, la face est vite en glace et présente des risques objectifs.
Matériel : crampons, piolets traction, corde (rappel de 50 m parfois utile à la descente du col d'Entrèves), 4 broches, sangles variées, 4 dégaines, 4 mousquetons, quelques coinceurs, casque, frontale.
1re ascension : Alexis Berthod et F. Gonella, 23 août 1886.

Page de droite : la combe Maudite avec la Tour Ronde à gauche.

FACE NORD

Approche : du refuge Torino, passer au nord-ouest le col des Flambeaux (3 407 m) et, après la descente sous le col de Toule, traverser à flanc vers l'ouest jusqu'au débouché de la Combe Maudite. Atteindre rapidement le pied de la face, pour attaquer en son centre, à gauche de l'éperon rocheux qui descend le plus bas. (1 h. Aquarelle p. 51)

Ascension
a) Classique : passer la rimaye et remonter droit sous le rétrécissement (130 m env. à 50°). Franchir le goulet directement sur deux longueurs (80 m environ, 55/60° selon l'englacement, quelques rochers parfois). Remonter la pente finale qui s'élargit et devient de moins en moins raide (45 puis 40°, 150 m). On remarque, à gauche un gendarme couché, sur l'arête qui borde la face à l'est.
La pente bute alors contre l'édifice rocheux sommital. Après avoir dépassé le gendarme, traverser un couloir à gauche et s'engager dans le versant est, par lequel on contourne le bastion terminal (gros blocs rocheux, un pas de 3b, 150 m). Une courte pente neigeuse conduit à l'arête SE, qui mène au pied de l'ultime longueur rocheuse. Par des fissures faciles et une traversée à droite, sortir près de la vierge du sommet. (2 h)
b) variante Crampon Fûté : après 2 ou 3 longueurs communes, gravir en ascendance à droite un vague couloir raide en mixte et rejoindre la Classique pour sortir à gauche du bastion sommital. (3 h)

Descente : voir voie normale p. 52.

Couloir Gervasutti
Difficulté : II/AD, pente régulière à 50°, goulotte souvent profonde à traverser. Savoir brocher car les rochers se prêtent mal aux coinceurs.
Horaire : approche 1 h 30, ascension 1 h 30, descente 1 à 3 h.
Dénivellation : 350 m.
Conditions favorables : enneigement stabilisé ; surveiller l'état de la rimaye, qui peut devenir infranchissable.
Matériel : idem face nord.
1re ascension : R. Chabod, G. Gervasutti, 27 juillet 1934

COULOIR GERVASUTTI

Approche : du refuge Torino, suivre l'accès à la face nord. Dépasser l'attaque et tourner le pilier ouest. Remonter alors le bassin qui s'ouvre vers le sud, jusqu'au pied de l'évident couloir qui raye tout le flanc ouest. (1 h 30. Aquarelle p. 51)

Ascension : franchir au mieux la rimaye et traverser la goulotte pour gagner la rive gauche que l'on remonte jusqu'à l'épaulement neigeux au bord de la face nord, après avoir passé un bref entonnoir mixte (1 h). De là au sommet, par la sortie qui tourne par la gauche le ressaut sommital (voir face nord, 30 mn). 1 h 30.

Descente : voir voie normale p. 52.

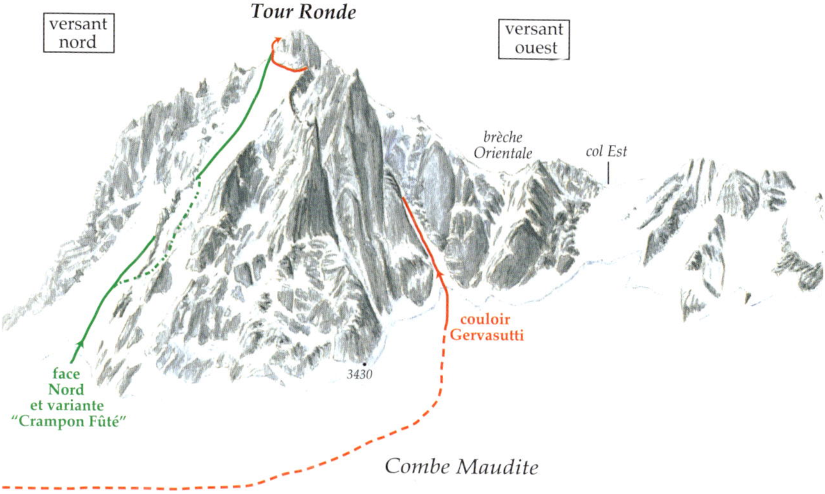

AIGUILLE DU PLAN (3 673 M)

TRAVERSÉE MIDI-PLAN

Départ : station supérieure du téléphérique de l'Aiguille du Midi (3 795 m) ou refuge des Cosmiques (3 613 m). Accès p. 94 et 95.
Difficulté : III/AD+ course d'altitude avec des passages exposés, sur une arête neigeuse aiguë (corniches) et mixte (sections rocheuses en 3/4). Parcours glaciaire bien crevassé si l'on descend sur le refuge du Requin et le Montenvers.
Horaire : traversée 4 h, retour à l'aiguille du Midi 4 h. Ou descente par l'Envers du Plan : 3 h pour le Montenvers.
Dénivellation : l'arête est plutôt descendante. La dénivellation entre l'aiguille du Midi et le Montenvers approche les 2 000 m.
Conditions favorables : arête ni trop sèche ni trop enneigée, bonnes conditions de gel.
Matériel : crampons, piolet, corde pour rappels de 30 m, descendeur,

Il est parfois possible de voyager au long cours dans un espace restreint, sans avoir à enjamber les océans ni jongler avec les fuseaux horaires. Il faut pour cela que les paysages traversés offrent suffisamment de contrastes, que les gestes techniques polarisent l'attention, et qu'au bout du compte une saine fatigue emporte la conscience, installant le rêve, le temps d'un repos régénérateur. La traversée Midi-Plan est idéale à cet égard : elle offre un parcours aérien, tout en légèreté, à cheval sur la lumière, où les perspectives diluent l'espace.
L'arête se voit bien depuis Chamonix et que l'on soit promeneur ou alpiniste, elle paraît accessible, parce que son profil semble plutôt plat. Si la proximité du téléphérique vient renforcer cette impression, il faut pourtant s'attendre à une tout autre réalité.
On rencontrera quelques passages délicats, bien caractéristiques : arête neigeuse très aérienne au départ, avec une portion raide en descente ; puis la seconde partie à dominante mixte présente quelques traversées exposées.

Au départ de la traversée.

sangles variées, 2 broches, 3 dégaines, 4 mousquetons, coinceurs câblés et à cames 0.4 à 2, casque, vêtements chauds.

1re ascension : G.-W. Young avec J. Knubel, 10 août 1907.

Il faudra enfin maîtriser un minimum l'escalade rocheuse pour accéder au superbe sommet du Plan, d'où la vue est particulièrement originale.

En début de saison, la descente par le sauvage glacier d'Envers du Plan vous plongera ensuite dans les entrailles du massif, là où s'ébrouent les serpents de glace alanguis, le long d'insondables gouffres ; puis surgira un havre de sécurité confor-table : le refuge du Requin, bien ancré sur son piton dominateur.

Le voyage s'achèvera au pittoresque Montenvers, avec son amusant petit train électrique. Dépaysement garanti...

ITINÉRAIRE

Descendre l'arête nord-est de l'aiguille du Midi et suivre la crête neigeuse qui va se rétrécissant. Par une descente raide, atteindre le col du Plan. Suivre un peu l'arête, puis traverser versant nord des pentes raides en ascendance à droite pour contourner le Rognon 3 532 m (exposé), et rejoindre l'arête à une selle neigeuse. Une brève descente sur le fil mène à un col. Une longue traversée en face nord-ouest (protection sur becquets et coinceurs) donne accès à un couloir orienté sud-ouest (glace parfois, ou caillasses) que l'on gravit jusqu'à une bosse de neige. Une brève remontée en mixte mène au sommet du Rognon. Côté nord, un rappel de 25 m dépose sur une terrasse. Traverser un peu à gauche et désescalader le début d'une cheminée, puis, en 2 rappels de 25 m (corde fixe), atteindre la neige. Par une traversée délicate vers le nord, gagner le col supérieur du Plan (3 h). Après une courte pente, atteindre une selle au pied du ressaut de l'aiguille du Plan. Le remonter par un mouvement tournant versant ouest, et se rétablir au sommet (4c, 1 h).

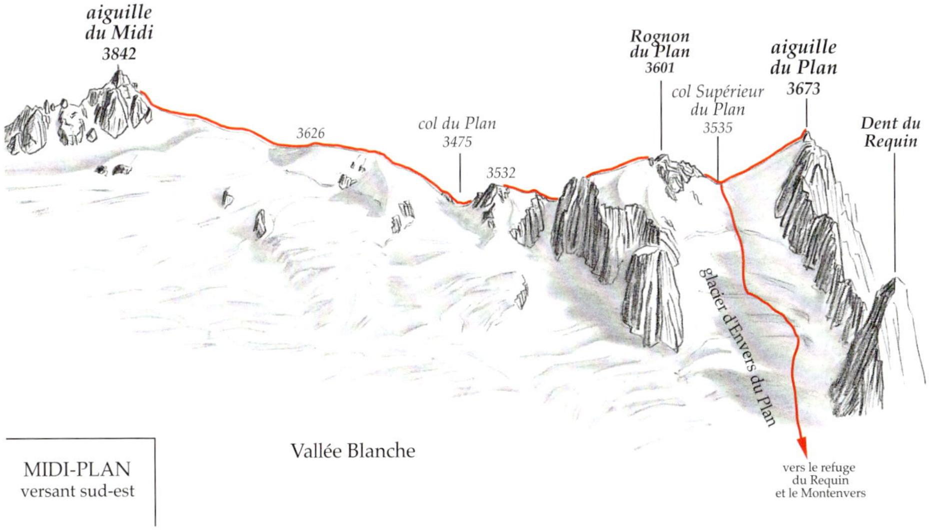

MIDI-PLAN
versant sud-est

Lumière d'automne sur fond de Verte, Droites et Courtes.

Descente : du sommet, 2 rappels de 25 m ramènent à la neige. Regagner le col Supérieur et, de là :
- retour à l'aiguille du Midi par le même itinéraire (4c pour remonter le Rognon, corde fixe au début),
- si le glacier d'Envers du Plan est praticable, descente sur le Montenvers : par la pente raide au sud-est, rejoindre le glacier. Le descendre au mieux entre crevasses et séracs, au centre d'abord, puis par un « S » rive gauche. Vers 2 900 m, tourner à gauche sous les contreforts de la Dent du Requin pour aboutir, en revenant à droite (barre rocheuse, chaînes), à la moraine qui conduit au refuge (2 516 m, 1 h 30 à 2 h du sommet). De là, par le sentier (nord-nord-est) puis des échelles, prendre pied sur la Mer de Glace. La descendre rive gauche, puis, quand elle s'oriente au nord-ouest, gagner son centre. Appuyer ensuite rive gauche pour rejoindre le rectangle blanc peint sur le rocher, départ des échelles. Par le sentier, gagner au nord la gare du Montenvers (1 913 m, 2 h du Requin).

Page de droite : au départ de l'arête.

AIGUILLE DU MIDI (3 842 M)

ARÊTE DES COSMIQUES

Départ : station supérieure du téléphérique de l'Aiguille du Midi (3 795 m). Voir p. 95.
Difficulté : II/AD mixte, avec un passage d'escalade (fissure lisse 4b) ; manœuvres de cordes.
Horaire : 45 mn pour l'approche et 2 à 3 h pour l'arête jusqu'à la terrasse du piton sud.
Dénivellation : environ 200 m.
Conditions favorables : veillez à ce que la neige soit transformée (à éviter juste après une précipitation).
Matériel : crampons, piolet, corde pour rappels de 20 m, descendeur, sangles variées, 3 dégaines, 4 mousquetons, coinceurs, casque.
1re ascension : G. et M. Finch, 2 août 1911.

Sortie de l'arête des Cosmiques.

Sympathique course en terrain mixte, l'arête tire son nom de l'ancien laboratoire d'étude des rayons cosmiques situé à sa base et remplacé de nos jours par un confortable refuge. Pour atteindre le point de départ, il faut traverser sous la célèbre face sud de l'aiguille du Midi, où se déroule la voie « Rébuffat », ouverte en 1956. Prenez le temps d'admirer ce splendide tracé qui n'a pas pris une ride.

L'arête des Cosmiques propose un registre de difficultés classiques : terrain mixte, couloirs raides, dalle rocheuse compacte, manœuvres de corde, crête délicate. Rien ne manque, pas même le comité d'accueil, au moment où, sous le crépitement des appareils photo, vous surgirez sur la terrasse du piton sud. Occasion de découverte, retour de course original, ou simple demi-journée d'agrément, ces arguments ne doivent pas occulter la situation en altitude et les inconvénients du mauvais temps. L'aiguille du Midi est la première à encaisser les grains d'ouest, qui peuvent transformer l'agréable promenade en une galère mémorable. Prévoyez au moins les vêtements chauds et observez les caprices du ciel, en particulier de quel côté souffle le vent… À part cela, dans ce décor grandiose, les rochers que vous toucherez sont de cette fameuse protogine, avec sa couleur fauve et ce grain velouté, patiné par les siècles, battu par la foudre et choyé par les alpinistes… Respectez son grand âge : 40 millions d'années !

ITINÉRAIRE

Par les galeries du téléphérique, gagner l'arête nord-est, très aérienne. La descendre puis virer au sud pour longer les faces rocheuses de l'aiguille du Midi. Après avoir dépassé l'éperon des Cosmiques, laisser à main gauche la courte montée au refuge, pour gagner vers l'ouest, le replat situé à 3 593 m et rejoindre la base de l'arête au-dessus de l'abri Simond. (45 mn)

Ascension : attaquer à droite du fil de l'arête, qui porte une lame caractéristique. Remonter le couloir (neige en début de saison, mixte ou purement rocheux ensuite) jusqu'au gendarme 3 731 m. Suivre l'arête (neige puis rochers) et contourner une première grosse tour par la droite (rappel de 20 m). De sa base, 2 solutions :

a) rejoindre l'arête et contourner une seconde tour par la gauche (3b, gros blocs suivis d'un petit couloir à descendre,

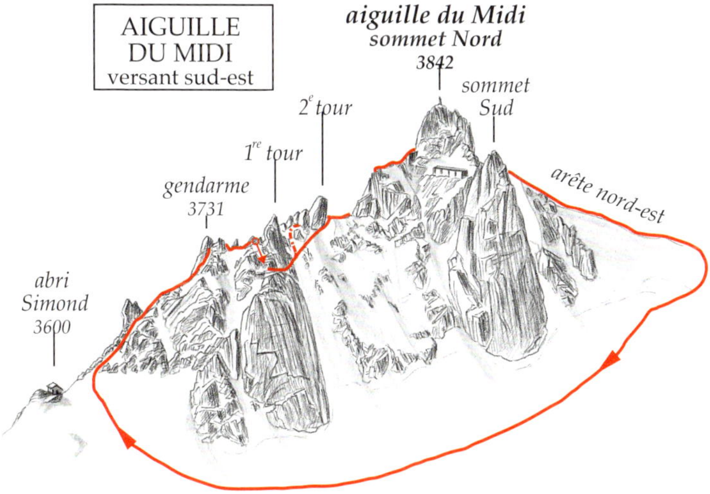

rappel de 20 m possible si en glace) ; on se retrouve sur l'arête maintenant horizontale,
b) si la neige est stable et gelée, on peut contourner la seconde tour par la droite, en remontant en oblique les pentes raides qui ramènent à l'arête. Par le fil neigeux, gagner le pied de l'ultime ressaut rocheux (dalle orangée). Escalader la fissure lisse (6 à 7 m, 4b, broche métallique) ; à sa sortie, suivre à droite une petite vire et, par une écaille, revenir à gauche sur une plateforme au-dessus de la dalle. Basculer alors versant ouest pour remonter les cheminées de sortie (neige/glace parfois). On débouche sur l'épaule neigeuse, sous la terrasse du piton sud que l'on atteint par une échelle. (2 à 3 h)

MONT BLANC DU TACUL (4 248 M)

VOIE NORMALE
CONTAMINE-GRISOLLE - GOULOTTE CHÈRÉ

Départ : station supérieure du téléphérique de l'Aiguille du Midi (3 795 m) ou refuge des Cosmiques (3 613 m). Accès p. 94 et 95.

À portée de téléphérique, le Tacul est une aubaine pour les alpinistes désireux de peaufiner leur condition physique ou d'effectuer une voie d'entraînement glaciaire, avant de passer aux longues goulottes ou aux imposants piliers de protogines qui ornent son versant nord-est.
Avant de composter le ticket pour le deuxième tronçon, il faudra toutefois tempérer ses ardeurs et prendre en compte l'évolution des conditions de la haute montagne... Comme partout dans le massif, canicule et faible enneigement modifient la donne. La voie normale, traditionnellement considérée comme peu difficile, devient de plus en plus délicate, le standard pouvant s'élever à « Difficile ». Les deux larges crevasses que l'on rencontre peu après l'attaque de la face nord sont souvent ouvertes et opposent parfois un mur vertical ou de précaires ponts de neige. Si la grosse avalanche issue de la combe qui domine ne les comblait régulièrement, elles seraient vite infranchissables. Autre paradoxe, ces pentes dégarnies libèrent d'énormes séracs en rive droite, qui menacent l'itinéraire... Plus que jamais, il faut impérativement s'informer avant tout projet, car s'il est aisé de faire demi-tour devant cet obstacle, il est nécessaire de prendre en compte l'état des lieux si l'on monte par un autre tracé, avec retour par la voie normale... On appréciera l'ambiance horizons dégagés, on pourra

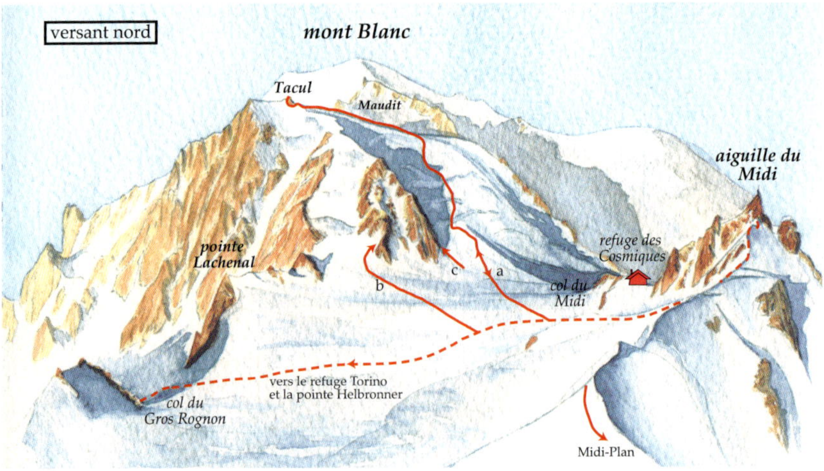

prendre la réelle ampleur du mont Blanc et l'on sera vite renseigné sur son degré d'acclimatation.

La Contamine-Grisolle est la voie la plus abordable du « Triangle ». Son tracé logique utilise au mieux les points de faiblesse, une fois remontée la pente d'attaque, il suffit de se laisser guider par une échine en terrain mixte, jusqu'à la bande de neige, sous la barre sommitale. Cette dernière est en fait l'obstacle majeur, qui se franchit grâce à une goulotte où les outils modernes font merveille. Comme pour toutes les voies de la facette nord, vous sortirez à la pointe 3 970 m, faîte du triangle, d'où l'on gagne le sommet du Tacul par l'esthétique arête nord-est.

La goulotte Chèré a tout pour ravir le Popeye du piolet traction : six longueurs soutenues, relais équipés, sortie mixte parmi les rocs colorés. On apprendra à se protéger sur les rives grâce aux coinceurs et à brocher dans le vif du sujet, avec un engagement réduit, la descente en rappels étant possible si la météo dérape...

La facilité d'accès ne doit pas occulter les paramètres « conditions favorables ». Le mauvais temps soudain est redoutable sur ce versant exposé aux grains d'ouest ; la trace peut s'effacer en quelques minutes, et après une forte chute de neige, les plaques à vent ne sont pas rares. Sachez renoncer à temps, les Alpes seront toujours là bien longtemps après nous...

En route pour le Tacul.

Voie normale

Départ : station supérieure du téléphérique de l'Aiguille du Midi (3 795 m). Voir p. 95.

Difficulté : II/PD à AD, pentes de neige assez raides, crevasses parfois délicates à franchir, effets de l'altitude.

Horaire : de l'aiguille du Midi au sommet : 3 h, retour : 2 h.

Dénivellation : 716 m et 268 m au retour pour la remontée à l'aiguille du Midi.

Conditions favorables : crevasses bouchées ; attention aux plaques à vent après de fortes chutes de neige.

Matériel : crampons, piolet, corde, 2 broches à glace, sangles, 3 mousquetons, vêtements chauds

1re ascension : un ou plusieurs membres de l'expédition Hudson-Kennedy, 8 août 1855.

Page de droite, en haut : la lumière des 4 000 m, entre l'Épaule et la cime.

Page de droite, en bas : les effets du réchauffement climatique : passages de crevasses de plus en plus tourmentés.

Ci-dessous : depuis le plateau du Midi. Les Grandes Jorasses.

VOIE NORMALE

Ascension : de l'arrivée du téléphérique, gagner par les galeries le départ de l'arête nord-est. La descendre puis virer au sud pour longer le pied des faces rocheuses de l'aiguille du Midi. Passer sous le refuge des Cosmiques et traverser le vaste replat du col du Midi toujours sud (3 532 m, 45 mn). Attaquer la face en son centre. Franchir au mieux les deux grandes crevasses qui barrent tout le versant. À leur sortie, on peut soit remonter tout droit la combe au-dessus, le long des séracs (dangers objectifs de séracs et d'avalanche).

On peut aussi traverser à droite au pied de cette combe si la neige est stable, afin de rejoindre puis remonter une vague échine moins exposée. Au sommet de la combe, les deux trajets convergent vers la droite (ouest). Après une zone de séracs, en allant au sud, on débouche à l'Épaule (4 050 m env., 1 h 30). Suivre alors vers l'est l'arête large et arrondie. Après un petit col (4 200 m env.) franchir les rochers sommitaux par une brève cheminée puis quelques rocs enneigés pour déboucher à la croix du sommet (45 mn).

3 h de l'aiguille du Midi.

Descente : par le même itinéraire, retour à l'aiguille du Midi (2 h).

Goulotte de sortie de la Contamine-Grisolle.

CONTAMINE-GRISOLLE

Du téléphérique, gagner le pied de la face sud de l'aiguille du Midi par l'arête NE puis, vers le sud, le col du Midi (3 532 m), obliquer alors au SE pour rejoindre le bord gauche du triangle. (1 h)

Ascension : la voie remonte la pente à gauche de l'éperon rocheux qui descend le plus bas. Gravir la pente de neige (ou glace) de gauche à droite, sur environ 150 m, jusqu'à un verrou rocheux (45 à 50°), deux ou trois relais équipés, dans le rocher rive gauche). Passer le verrou et déboucher à une épaule. Contourner par la droite un bastion rocheux raide, sur environ 60 m, par des goulottes de glace (protection aisée). En revenant à gauche, on retrouve l'arête, mixte, plus facile, sur 50 m environ. Remonter en oblique une pente de neige (35/40°, 60 m) pour gagner la base de la barre terminale ; elle se franchit par une goulotte de glace (65°) et du terrain mixte. À sa sortie, par des pentes neigeuses, gagner le sommet du triangle (3970 m). 3 h. De là, par l'arête nord, on rejoint la voie normale juste sous le sommet que l'on gravit facilement (1 h). 5 h de l'aiguille du Midi.
Remarque : la sortie du triangle peut s'avérer impossible, car barrée par une grande crevasse. Dans ce cas, traverser vers l'ouest les pentes de la face N (crevasses, rimayes) pour rejoindre la voie normale au sommet de la combe médiane. Attention aux plaques à vent !

Descente : par la voie normale. 2 h.

Contamine-Grisolle

Difficulté : II/AD+ course mixte avec pentes à 45/50° et un court passage en goulotte (65°).
Horaire : approche 1 h. Facette et sommet 4 h. Retour à l'aiguille du Midi 2 h.
Dénivellation : de la rimaye au sommet du Triangle 400 m. De là au point culminant 280 m
Conditions favorables : neige bien stabilisée, pour la descente notamment (plaques à vent).
Matériel : crampons, piolet + piolet-traction, corde de 50 m, 4 broches, sangles variées, 5 dégaines, 5 mousquetons, coinceurs câblés et à cames 0.4 à 2, casque, vêtements chauds.
1re ascension : G. Gren, G. Grisolle, A. Poulain et M. Ziegler avec André Contamine, 4 juillet 1968.

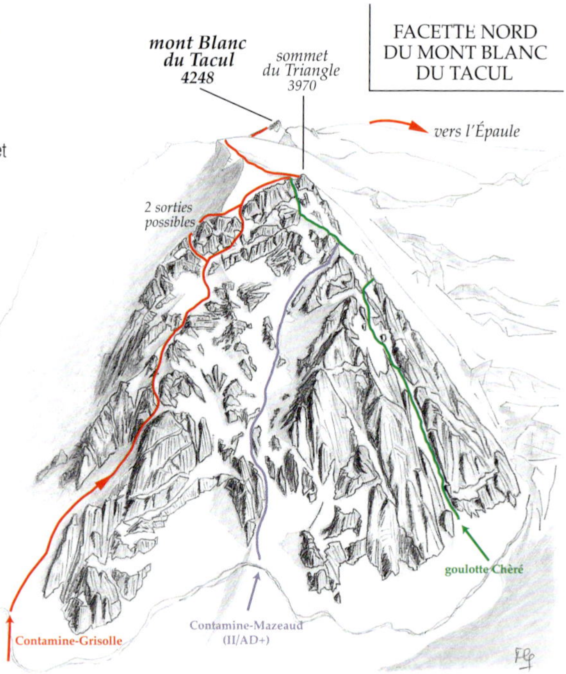

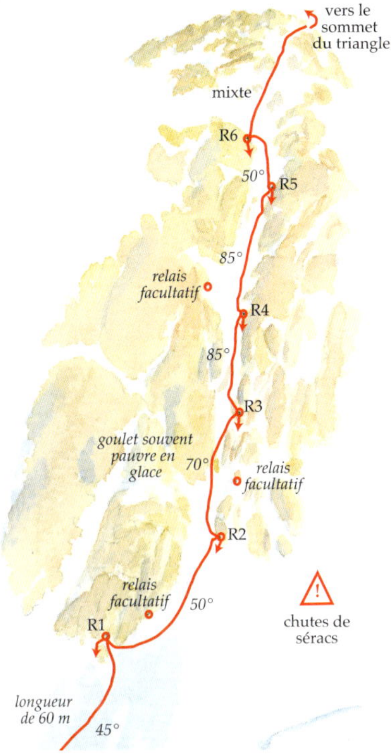

GOULOTTE CHÈRÉ

Approche : suivre la voie normale jusqu'au col du Midi. Avant de démarrer la 1re pente, appuyer à gauche afin de gagner l'aplomb de la goulotte sur le flanc droit du Triangle. 30 mn. S'équiper à distance de l'attaque, très exposée aux chutes de séracs !

Ascension : remonter la goulotte sur 6 longueurs. À sa sortie, 3 longueurs en mixte mènent au pied d'un ressaut plus raide ; le tourner par la droite, en 3 longueurs versant ouest, la dernière ramenant à une petite épaule à gauche, sous la barre terminale. De là, par 2 passages mixtes, en légère oblique à droite, gagner le sommet du Triangle par un rétablissement rocheux (3c). 3 à 4 h.

Descente : en rappel depuis R6 ou par la voie normale si l'on sort au sommet du Triangle (voir Contamine-Grisolle).

Goulotte Chèré

Difficulté : II/4, goulotte typique dans la 1re partie, 2 passages à 75/80°, équipée pour descendre en rappel. Seconde section en mixte 50 à 60° jusqu'au sommet du Triangle. 1 ou 2 crevasses gênantes en sortie parfois.

Horaire : approche 30 mn, Triangle et sommet 4 à 5 h. Retour Aiguille 2 h.

Dénivellation : goulotte 200 m + 200 m mixte jusqu'au sommet du Triangle + 278 m pour le sommet du Tacul.

Conditions favorables : indépendamment de l'englacement dans la goulotte, tenir compte de l'enneigement au-dessus ainsi que dans la descente (plaques à vent).

Matériel : crampons, piolets traction, corde pour rappel de 50 m, 4 broches, sangles variées dont des grandes, 5 dégaines, 6 mousquetons, un jeu de coinceurs câblés et à cames 0.5 à 2, casque, vêtements chauds.

1re ascension : R. Chèré et J. Tranchant, 18 août 1973.

À l'attaque de la voie Centrale au Triangle.

ALTITUDE 4810 M... MONT BLANC

AIGUILLE DU GOÛTER - TRAVERSÉE DES TROIS MONTS ARÊTE NORD DU DÔME

De gauche à droite, l'aiguille du Midi et le Tacul, le Maudit, le mont Blanc, le Dôme et l'aiguille du Goûter.

Dans l'imaginaire de tout alpiniste, le mont Blanc occupe une place privilégiée ; comment ne pas succomber à son emprise magique ? Il est bien le plus haut et le plus beau de toutes les Alpes... Enfant, n'avez-vous jamais peinturluré d'instinct sa forme idéale, tartiné de gouache blanche dès lors qu'il fallait représenter une montagne ? Son nom évocateur de délices lactés vous poursuivra longtemps, jusqu'au jour où, fin prêt, vous exaucerez ce désir originel d'élévation. Acclimatation à l'altitude, préparation physique et technique, observation des conditions favorables d'enneigement, météo stable, bonne gestion du rythme de marche, découpage judicieux des temps de repos et choix d'une alimentation adaptée, sont les clés stratégiques garantes de la réussite du mont Blanc. Qu'un ou deux éléments soient négligés suffit à rendre l'expédition incertaine et la retraite peut se transformer en cauchemar. Une fois les 4810 m atteints, rejoindre la vallée est une longue entreprise : cheminer entre les crevasses, accélérer sous les séracs du Petit Plateau ou désescalader l'aiguille du Goûter avec son tristement célèbre couloir, requiert une bonne santé générale...

Ne vous fiez pas trop à ceux qui, désabusés ou d'un certain niveau, vous assurent que le toit de l'Europe « C'est à vache ! ». Pour l'apprécier pleinement, préparez-vous, ayez une dizaine de courses haute montagne à votre actif, avant de concrétiser votre rêve.

Les principaux dangers sont objectifs, souvent liés à l'altitude, sur ces vastes étendues glaciaires crevassées : ponts fragiles, risques d'avalanches et chutes de séracs, arrivée brutale du mauvais temps qui rend l'orientation aléatoire, brouillard et grésil recouvrant la trace en un clin d'œil. En outre, le vent peut abaisser d'une dizaine de degrés la température ;

L'arête des Bosses.

il faut s'équiper en conséquence et savoir renoncer suffisamment tôt pour retrouver le refuge. À ce propos, considérer l'abri Vallot comme un poste de secours et non une base de départ. Reste que cette ascension peut se dérouler sans anicroches, laissant un souvenir indélébile et l'envie de retrouver la cime par une nouvelle voie, expérience jamais pareille et assurance d'un bonheur renouvelé…

Paradoxalement, les néophytes en matière d'alpinisme sont les plus attirés par cette aventure. Pour la première fois sans doute, vont-ils cheminer dans la nuit à la lueur d'une lampe frontale, plus près que jamais des étoiles, alors que craque sous leurs crampons la neige qui porte vers la lumière. Pour la première fois peut-être vont-ils grimper à la rencontre du soleil, pour la première fois, rien ne viendra masquer leur horizon : où qu'ils se tournent et quoi qu'ils regardent, leurs yeux brilleront et leur cœur cognera fort dans leur poitrine.

Songer à l'hébétude qui dut saisir Jacques Balmat et Michel-Gabriel Paccard vers 18 h 30, le 8 août 1786 !

Aiguille du Goûter et arête des Bosses

Départ : refuge du Goûter (3 817 m). Accès en 5 h depuis la gare du Nid d'Aigle. Voir p. 95 et 96.

Difficulté : III/PD ; l'accès au refuge, véritable course mixte, le cumul des 2 journées plus les effets de l'altitude pèseront lourd dans la réussite. Arête sommitale exposée, orientation délicate sur le Dôme du Goûter en cas de brouillard (lire le texte de présentation p. 68).

Horaire : 4 à 5 h du refuge, descente : 4 à 5 h.

Dénivellation : 1 500 m pour le refuge et 990 m pour le sommet ; descente : 2 500 m.

Conditions favorables : neige transformée et bien stabilisée. Bonne météo.

Matériel : piolet, crampons, corde (50 m utiles si l'on descend par le mont Maudit), 3 broches à glace, sangles, 3 mousquetons, bâton de ski, frontale (avec pile neuve !), vêtements chauds, carte, boussole, GPS, altimètre, lunettes et crème protectrice, gants de secours ; cagoule et doudoune.

1re ascension : L. Stephen et F.-F. Tuckett avec M. Anderegg, J.-J. Benne et P. Perren, 18 juillet 1861.

A) AIGUILLE DU GOÛTER ET ARÊTE DES BOSSES

Au fil du temps, ce parcours s'est imposé comme le plus facile techniquement, avec l'avantage du point de départ le plus élevé, donc l'horaire d'ascension le plus court. Il ne faut cependant pas sous-évaluer la longue montée au refuge, en terrain peu commode et comportant de gros risques de chutes de pierres, en particulier lors de la traversée du grand couloir. Malgré une surfréquentation chronique, la possibilité de faire aisément demi-tour en cas de problème, la progressivité de l'arête des Bosses et l'extraordinaire esthétique de la crête sommitale, expliquent l'engouement pour cet itinéraire.

Ascension : démarrer juste au-dessus du refuge, par l'arête horizontale vers le sud-est, puis remonter les pentes du Dôme du Goûter, dont on laisse le sommet à main droite. Passer au col du Dôme (peu marqué, 4 237 m) puis après une courte pente, à Vallot (abri de secours, 4 362 m). De là au point culminant, par l'arête des Bosses et le fil étroit de l'arête ouest, avant le sommet.

Descentes : p. 74/75.

Page de droite en haut : au-dessus de l'abri Vallot, le début de l'arête des Bosses.

Page de droite en bas : au départ du refuge du Goûter.

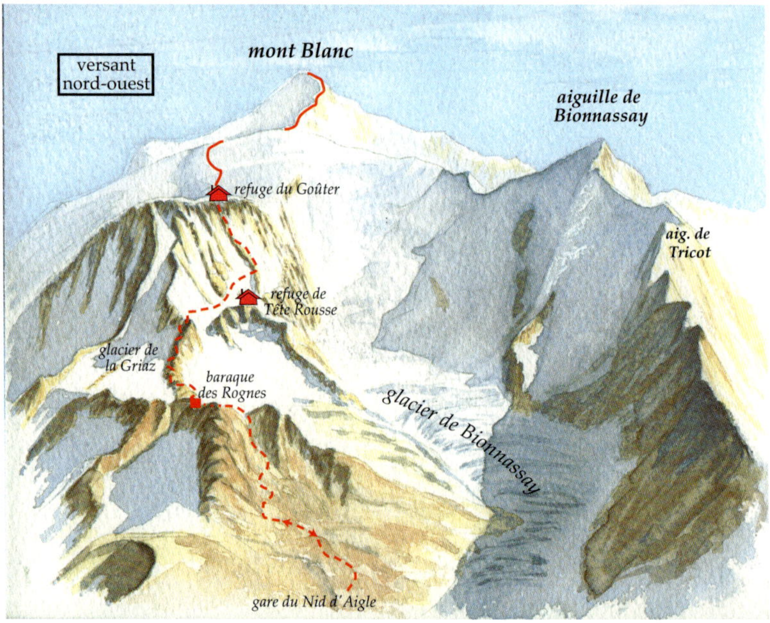

Traversée des trois monts : Tacul - Maudit - mont Blanc

Départ : refuge des Cosmiques (3 613 m), accès en 20 minutes depuis le téléphérique de l'Aiguille du Midi. Voir p. 94.

Difficulté : III/PD+ à AD selon conditions. Pentes à 45/50°, passages parfois délicats, (glace, rimayes, crevasses), altitude, longueur de la course, dangers objectifs. (Lire le texte p. 68).

Horaire : 6 à 8 h, descente 4 à 5 h.

Dénivellation : 1 400 m, descente environ 2 500 m

Conditions favorables : juin à septembre, quand la neige est bien stabilisée. Se renseigner sur l'état du Tacul et de la pente à l'Épaule du Maudit.

Matériel : voir « mont Blanc par le Goûter » p. 70, 2 piolets souvent utiles à l'Épaule du Maudit.

1re ascension : RW. Head avec J. Grange, A. Orset et J.-M. Perrod, 13 août 1863.

B) TRAVERSÉE DES TROIS MONTS : TACUL - MAUDIT - MONT BLANC

Le confortable refuge des Cosmiques rend l'ascension des trois monts bien attractive : avec une marche d'approche réduite au minimum, c'est un point de départ idéalement situé. Le parcours est plus technique, légèrement plus long que par le Goûter, mais les étapes sont logiques et le découpage horaire parfait ; deux heures pour l'épaule du Tacul, deux pour celle du Maudit... et deux pour atteindre les 4 810 m.
Corollaire obligé, pour mettre toutes les chances de son côté, il faut être acclimaté à l'altitude, car le téléphérique vous transporte de 1000 à 3800 m en un rien de temps. Sans préparation, cela est exténuant. Moyennant quoi, l'itinéraire est grandiose, divinement exposé au soleil levant, et offre une vision à 360° époustouflante.

Ascension : du refuge, descendre au col du Midi (3 532 m) et gravir le versant nord du Tacul jusqu'à son Épaule (4 050 m environ, crevasses parfois problématiques. Itinéraire décrit p. 64).
Laisser à l'est la trace et le sommet pour descendre au col Maudit (4 035 m). Remonter le versant nord du mont Maudit, en tirant à droite (ouest) pour rejoindre l'Épaule (col du Mont-Maudit, 4 345 m - glace et rimaye parfois importante). Traverser le flanc ouest du Maudit pour passer au col de la Brenva (4 303 m). Remonter enfin le Mur de la Côte puis la croupe des Petits Mulets, pour déboucher au point culminant.

Descentes : p. 74/75.

À gauche : la trace en versant nord du Maudit.

À droite : à la sortie du Mur de la Côte.

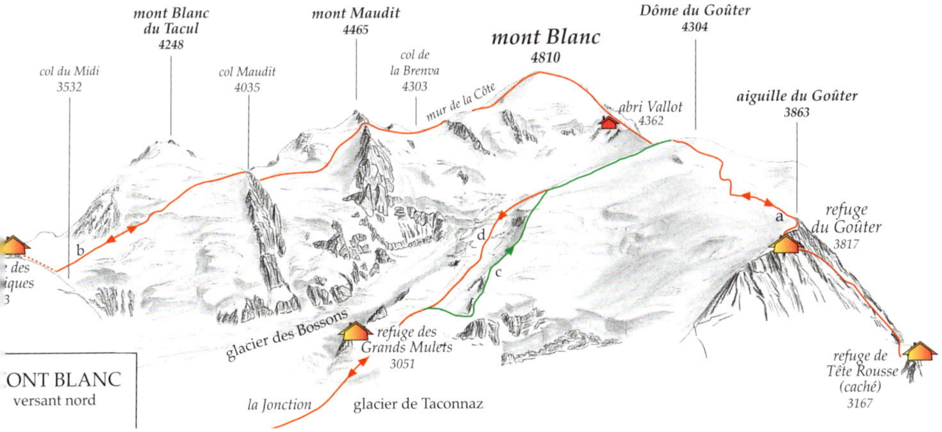

Arête nord du Dôme du Goûter et arête des Bosses

Départ : refuge des Grands Mulets (3 051 m). Accès p. 95.

Difficulté : III/PD+ arête neigeuse d'inclinaison régulière à 40/45°. Accès au refuge plus ou moins chaotique au passage de la Jonction, longueur de la course, effets de l'altitude et orientation délicate en cas de brouillard. Lire le texte de présentation p. 68.

Horaire : du refuge au Dôme 4 à 5 h, de là au mont Blanc 3 h, descente 4 à 5 h.

Dénivellation : 1000 m du ref. au Dôme + 750 m pour le mont Blanc.

Conditions favorables : temps stable, gel, neige bien transformée (plaques à vent après de fortes précipitations). S'assurer que la Jonction passe bien. Être acclimaté à l'altitude.

Matériel : voir « mont Blanc par le Goûter » p. 70.

1re ascension : Jacques Balmat, J. Carrier, F. Paccard, J.-M. Tournier, 8 juin 1786 jusqu'au col du Dôme. M. et Mme Millot, M. Payot, H. Charlet, A. Payot, 19 août 1872 jusqu'au sommet.

C) ARÊTE NORD DU DÔME DU GOÛTER ET ARÊTE DES BOSSES

L'arête nord du Dôme s'impose esthétiquement lorsqu'on étudie l'ensemble du versant. Ce trait aérien tendu par-dessus les vallons et les séracs conduit naturellement au col du Dôme, puis en toute logique à l'arête des Bosses et aux 4 810 m convoités. Le tracé est élégant et les difficultés comparables à celles de la voie normale du Tacul : pentes à 45°, crête modérément effilée, trajet limpide, vues insolites et constamment ouvertes sur l'arc orographique. Faire demi-tour en cas de mauvais temps est toujours possible, et l'échappée sur l'aiguille du Goûter est envisageable une fois rejoint le col du Dôme. Si l'on tourne les dangers de séracs, il ne faudra pas négliger ceux des plaques à vent après une forte chute de neige, et maîtriser le cramponnage en cas de glace apparente. La dénivellation depuis le refuge affiche 1 800 m, aussi faudra-t-il être acclimaté à l'altitude, entraîné techniquement, bien pourvu en vêtements chauds, toutes considérations classiques pour qui prétend gravir le mont Blanc. Il faut souligner l'accueil et la quiétude qu'offre le refuge des Grands Mulets, où l'on dort mieux à 3 000 qu'à 3 800 m, ainsi que l'ambiance unique du parcours d'accès, dans un monde de meringues glacées et autres vallons bleus ou chocolat au lait-chantilly, même si les crevasses de la Jonction provoquent quelques sueurs froides. N'hésitez pas à appeler le gardien qui saura vous renseigner avec précision sur l'état des lieux.
Satisfaction d'ordre culturel, sachez que l'arête nord du Dôme fut ouverte deux mois avant la première ascension du mont Blanc, par Jacques Balmat lui-même avec quelques compagnons peu coopératifs ! Remettons au goût du jour cette vénérable voie Royale...

Ascension : au-dessus du refuge, monter sud puis sud-ouest. Vers 3 200 m, traverser vers l'ouest en redescendant légèrement, afin de contourner par en dessous une petite barre de séracs qui défend l'accès au Rognon 3 330 m (45 mn). Remonter la pente à droite du Rognon, tourner éventuellement une crevasse par la droite et rejoindre à gauche le fil de l'arête que l'on suivra jusqu'à la pointe

L'arête nord du Dôme se déroule sur le 3e éperon en arrière-plan.

Bravais (4 057 m, 3 h) : larges pentes à 40° au début (quelques passages à 45°), crête plus fine et très esthétique entre 3 600 et 3 800 m, puis long dos-d'âne. De la pointe Bravais, soit :

- *échappée sur le Goûter et le Nid d'Aigle :* poursuivre le dos-d'âne jusqu'au sommet du Dôme (sud-sud-ouest), où l'on rejoint la voie normale versant ouest (voir descentes),
- *montée au mont Blanc :* traverser en légère ascendance vers le sud le versant est du Dôme du Goûter, pour rejoindre le col du Dôme (4 237 m, 30 mn). De là au sommet par l'arête des Bosses, en passant par l'abri Vallot (2 h 30). 7 à 8 h du refuge.

Descentes : le choix se fera en fonction des conditions d'enneigement, indépendamment de l'aspect esthétique. (Dessin p. 73)

a - Vers le Nid d'Aigle, par l'aiguille du Goûter : III/PD, 2 400 m de dénivelée, 4 à 5 h. Un passage exposé aux chutes de pierres dans la traversée du Grand Couloir.

Du sommet, suivre ouest puis nord-ouest, l'arête effilée, puis plus large, en passant « les Bosses », puis à l'abri Vallot (4 362 m - poste de secours). Continuer nord-ouest, passer le col du Dôme et sur le flanc droit (est) du Dôme du Goûter. À une épaule qui marque son arête nord-est, descendre en tirant à gauche (ouest) les pentes soutenues qui conduisent à l'arête en pente douce de l'aiguille du Goûter (3 863 m), et au refuge en contrebas (3 835 m). Suivre vers le nord l'arête sud environ 200 m pour atteindre l'ancien refuge (3 817 m). À son aplomb, désescalader sur environ 500 m jusqu'au moment de traverser à droite le Grand Couloir (câble, chutes de pierres). Peu après, descendre le glacier de Tête-Rousse (refuge à 3 167 m en contrebas) et gagner la gare du Nid d'Aigle (2 372 m) par un bon sentier (nord-ouest puis sud-ouest). Train pour Saint-Gervais ou gare de Bellevue pour rejoindre le téléphérique des Houches. Aquarelle p. 71.

b - Vers l'aiguille du Midi, par les trois monts (monts Blanc - Maudit - Tacul) : III/PD+, 1 100 m de dénivellation, 4 h. Descente de l'Épaule du Maudit délicate si en glace (50°) ou si la rimaye est trop ouverte (prévoir de quoi poser 1 ou 2 rappels, 30 et 50 m). Se renseigner préalablement, ainsi que sur l'état de la voie normale du Tacul. (Croquis p. 73)

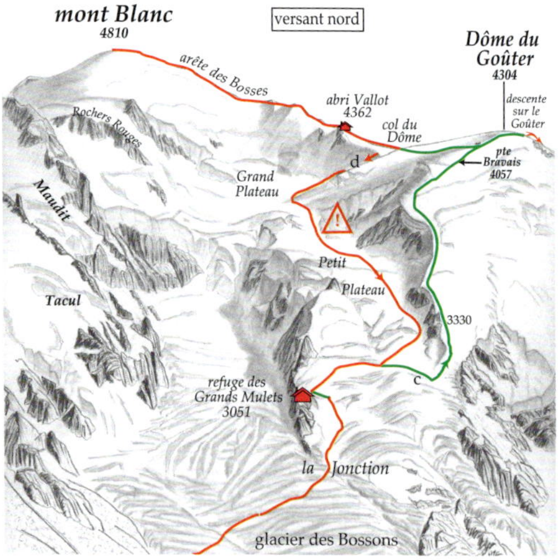

Du sommet, descendre (nord puis nord-est) la croupe des Petits Mulets, le Mur de la Côte et aboutir au col de la Brenva (4 303 m). Traverser à flanc (nord-ouest puis nord) les pentes ouest du mont Maudit, jusqu'au col du mont Maudit (4 345 m). C'est l'Épaule, depuis laquelle on prendra pied dans la face nord du Maudit, par une pente assez raide (2 rappels éventuels : le premier de 30 m sur pieu ou Abalakov, le second de 50 m équipé sur pitons). Descendre la face en diagonale à droite, puis en son centre. De sa base, traverser E puis

NE, et à la hauteur du col Maudit remonter NW pour atteindre l'Épaule du Tacul (4 050 m environ). De là, descendre versant nord la voie normale du Tacul. En général droit puis rapidement en diagonale à droite (NE), pour passer une première rimaye vers 3 920 m. Poursuivre nord-est, jusqu'à proximité des séracs qui bordent la face, afin de descendre une combe raide sur 200 m (nord), jusqu'aux grosses crevasses du premier tiers. Suit une longue pente, raide au départ, qui donne accès (nord nord-est) au col du Midi (3 532 m). Passer au pied du refuge des Cosmiques, longer les faces sud-est de l'aiguille du Midi et gagner, toujours nord nord-est, l'arête nord-est de l'aiguille du Midi, que l'on remonte vers la gauche pour atteindre le téléphérique.

d - Vers le Plan de l'Aiguille, par les Grands Mulets : III/PD, 2 500 m de déniv., 4 à 5 h. Itinéraire agréable en début de saison quand les crevasses de la Jonction sont bien bouchées. Se renseigner à l'Office de Haute Montagne ou téléphoner au refuge des Grands Mulets.
Du sommet, suivre ouest puis nord-ouest, l'arête effilée puis plus large en passant « les bosses » puis l'abri Vallot (4 362 m, poste de secours) et le col du Dôme (4 237 m). De là, descendre franchement est les pentes assez soutenues qui mènent au Grand Plateau (4 000 m environ). Descendre ensuite plein nord les successions de pentes et replats, dont le Petit Plateau (3 650 m environ) – fort risque de chute de séracs, sur 150 à 200 m, à gauche de la trace. Après un crochet à gauche, tirer à droite pour longer le rocher des Grands Mulets, où est implanté le refuge homonyme (3 051 m). Tracer alors un S de gauche à droite, pour attaquer la zone fort crevassée, parfois complexe, de la Jonction. Elle se traverse longuement nord-est, pour gagner le sentier qui ramène au Plan de l'Aiguille (balisé) juste avant l'ancienne station des Glaciers (2 414 m ; 3 à 4 h du sommet). De celle-ci au Plan, en 1 h environ, puis téléphérique pour Chamonix. (Croquis p. 73)

Le nouveau refuge du Goûter.
Au fond, l'aiguille de Bionnassay.

16

MONT BLANC PAR LES AIGUILLES GRISES

VOIE NORMALE ITALIENNE

Le versant sud-ouest du mont Blanc, où se déroule la Route des aiguilles Grises.

Départ : refuge Gonella (3 071 m), 5 h depuis La Cantine de Visaille (1 659 m), val Veni, Italie.
Accès : p. 95.
Difficulté : III/PD, parcours glaciaire assez crevassé, longue course en altitude (lire le texte de présentation p. 68).
Horaire : 6 à 8 h, descente sur l'aiguille du Midi 3 à 5 h.
Dénivellation : 1 370 m pour le refuge + 1 736 m du refuge au sommet.
Conditions favorables : neige stabilisée, crevasses suffisamment bouchées.
Matériel : voir « mont Blanc par le Goûter » p. 70.
1re ascension : la première fut réalisée à la descente (= route du Pape car présence de S.S. Pie XI-Achille Ratti) avec J. et L. Bonin, J. Gadin et A. Proment, 1er août 1890.

Page de droite en bas : aux abords du Piton des Italiens, vers le Dôme du Goûter.

Amoureux d'espaces sauvages et de quiétude, ce magnifique itinéraire est pour vous ! La « route du Pape », ouverte par Achille Ratti, futur Pie XI, est la voie normale pour nos amis transalpins. Au fond du Val Veni, de l'autre côté du tunnel sous le mont Blanc, le versant Miage est à découvrir absolument, même si quelques problèmes de récupération de véhicule compliquent la stratégie du retour. Il faut avoir parcouru le labyrinthique glacier du Dôme, s'être extirpé de la nuit pour savourer la naissance du jour sur la délicate arête de Bionnassay, pour apprécier les derniers mètres sur le toit de l'Europe, pas comme tout le monde !

ITINÉRAIRE

Du refuge Gonella, traverser N pour prendre pied sur le glacier du Dôme (15 mn, repérer la veille). Le remonter d'abord rive droite, puis au centre, en passant entre, à gauche, le pied de la Tour des aiguilles Grises et, à droite, un rognon rocheux issu d'un contrefort du Dôme du Goûter. Par une pente assez raide, rallier à gauche (W), le col des aiguilles Grises (3 810 m) puis l'arête qui suit (N), et le piton des Italiens (4 002 m). On se trouve sur l'arête de Bionnassay, que l'on suit à droite (E). Laisser à gauche le sommet du Dôme du Goûter, puis, après le col du Dôme (4 237 m) et une courte pente raide, passer à Vallot (4 362 m - abri de secours). De là, remonter la belle arête NW du mont Blanc, passant par les Bosses et la crête W étroite, jusqu'au point culminant. **Descentes** p. 74/75.

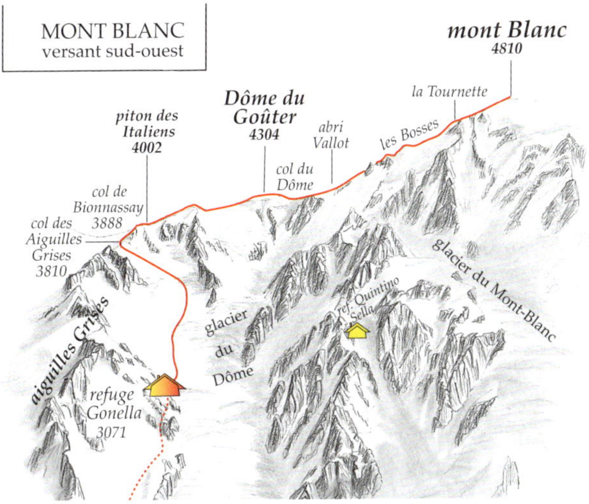
MONT BLANC
versant sud-ouest
mont Blanc
4810
la Tournette
les Bosses
Dôme du
Goûter
4304
abri
Vallot
col du
Dôme
piton des
Italiens
4002
col de
Bionnassay
3888
col des
Aiguilles
Grises
3810
aiguilles Grises
glacier
du
Dôme
ref. Quintino
Sella
glacier du Mont-Blanc
refuge
Gonella
3071

17

AIGUILLE DE BIONNASSAY (4 052 M)

ARÊTE SUD ET TRAVERSÉE

Départ : refuge Durier (3 370 m) ; accès délicat en 7 h depuis le val Montjoie (voir p. 94) ou depuis le Dôme de Miage.
Difficulté : IV/AD mixte, ressaut rocheux 4a. La longue montée en refuge, l'altitude, l'éloignement, les arêtes aériennes et cornichées, plus quelques pentes raides, en font un ensemble sérieux et engagé en cas de mauvais temps.
Horaire : du refuge au sommet 3 à 4 h. Descente longue : 2 h pour le Dôme du Goûter. De là, si l'on poursuit la traversée sur le mont Blanc : 2 h pour le sommet (+ 4 à 5 h de descente) ; sinon compter 3 h pour rejoindre la gare du Nid d'Aigle par le refuge du Goûter.
Dénivellation : du refuge au sommet 680 m.
Conditions favorables : comme pour toutes les courses d'altitude, le compromis enneigement suffisant, rocher sec, arête pas trop cornichée, requiert observation et jugement.
Matériel : crampons, piolet + piolet court, corde, 3 broches, sangles variées, 4 dégaines, 4 mousquetons, coinceurs à câble et à cames 0.4 à 2, casque, frontale, vêtements chauds.
1re ascension : K. Maurer, A. Jaun, G. Gruber, 13 ou 14 juillet 1888.

Il suffit de poser au sol la carte du massif du Mont-Blanc pour se rendre compte que l'ossature orographique autorise toutes sortes de combinaisons ; enchaîner versants et bassins glaciaires est possible, comme le fit Patrick Gabarrou en 1988 : sept faces nord en 10 jours, parmi les plus difficiles. Ou encore François Damilano en sept jours, pendant l'été 92 : traversée intégrale du massif par ses arêtes, des Grands Montets aux Contamines, 40 sommets et 13 000 mètres de dénivelée… Plus modestement, tout alpiniste entraîné peut envisager deux ou trois jours de belles chevauchées d'arêtes.

Très connue pour sa face nord-ouest, l'aiguille de Bionnassay se développe entre Miage et mont Blanc et son arête sud peut servir de tremplin aux idées les plus folles en donnant un bon aperçu de ces voyages au long cours. L'accès au refuge Durier est déjà une aventure, que vous veniez des Dômes de Miage ou du val Montjoie, et la soirée sur ce nid d'aigle vaut à elle seule le déplacement.

L'itinéraire proposé est classique, avec des arêtes pouvant être aiguës et cornichées. Le passage clé reste l'escalade du ressaut rocheux qui se révélera plus technique s'il est encombré de neige. La course offre un perchoir aérien et, en matière de belvédère, les cinq étoiles sont bien mesquines. Pour rejoindre le Dôme du Goûter, on suivra l'arête nord-est impressionnante et délicate, cornichée ou parfois en « lame de couteau ».

Une fois rejoint le dôme du Goûter, l'état de santé imposera la bonne décision : mont Blanc ou descente par le Goûter ? Les Grands Mulets ou intégrale par les trois monts ? En tout cas, la magie de l'altitude, l'espace et la lumière seront au rendez-vous de cette exceptionnelle traversée.

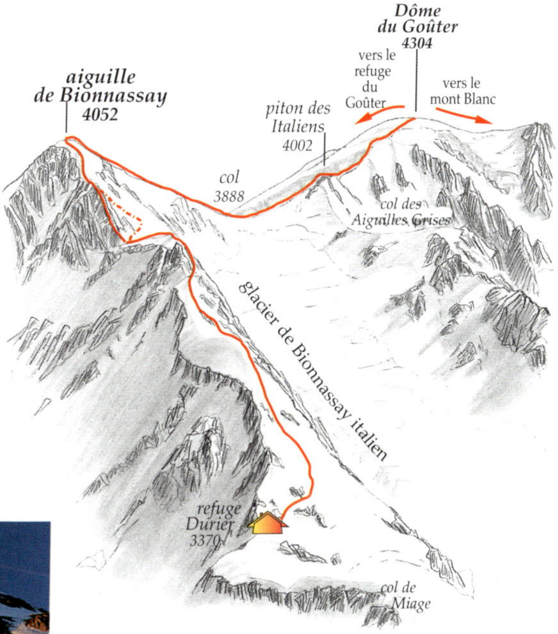

AIGUILLE DE BIONNASSAY
versant sud-ouest

Page de gauche : l'aiguille de Bionnassay et l'arête des Bosses au mont Blanc. Au premier plan, le point culminant des Miages (3673 m).

Ci-dessus : l'arête au pied du ressaut rocheux.

Ci-dessous : le refuge Durier au col de Miage.

ITINÉRAIRE

Du refuge Durier, remonter l'arête sud neigeuse (ou mixte), large au début, en passant deux épaulements. Suit une arête plus fine (corniches) puis une courte échine rocheuse. À son

De droite à gauche, les Miages,
le col du même nom, l'arête sud
et Bionnassay, puis l'arête des Bosses
au mont Blanc.

sommet, une arête neigeuse horizontale mène au pied du grand bastion rocheux (3 780 m, 2 h).
Deux solutions pour le franchir.
a) Si les conditions de gel et d'enneigement le permettent, il est plus rapide de le contourner par une longue traversée à droite (150 m vers l'est) assez raide et exposée. Elle donne accès à une suite de couloirs neigeux (40°) qui ramènent au sommet du bastion.
b) Attaquer le bastion par un petit dièdre barré à sa sortie par un bloc coincé (3b). Relais sur une terrasse. Par un système de feuillets (3c/4a), gagner le pied d'un dièdre que l'on franchit pour sortir au sommet du ressaut (1 h, délicat, rocher brisé parfois verglacé). De là, une belle arête neigeuse en S puis une pente raide conduisent au sommet particulièrement aérien. 3 à 4 h depuis le refuge.

Traversée et descente : suivre l'arête nord-est très effilée et souvent cornichée, passer le col de Bionnassay (3 888 m) et remonter pour atteindre le Piton des Italiens à l'est (mixte ; 4 002 m). Continuer par l'arête qui s'oriente à nouveau nord-est, jusqu'à une petite selle neigeuse vers 4 200 m, sous le sommet du Dôme du Goûter (2 h).
De là, plusieurs solutions :
a) si l'on poursuit vers le mont Blanc : remonter puis traverser les pentes du flanc sud du Dôme, en laissant le sommet à main gauche, pour rejoindre à l'est le col du Dôme, et de là l'itinéraire du mont Blanc par l'arête des Bosses (2 h pour le sommet + descente 4 à 5 h, voir p. 74/75),
b) Si l'on veut descendre sur le refuge du Goûter afin de rejoindre la gare du Nid d'Aigle, il faut partir au nord à la courbe 4 200 m en traversant le flanc ouest du Dôme du Goûter. Près du rognon coté 4 140 m, s'orienter ouest (on contourne une zone de grosses crevasses) et par la pente raide, gagner vers la gauche l'arête nord facile de l'aiguille du Goûter et le refuge situé juste en contrebas (3 817 m ; 40 mn). Sous le refuge, descendre l'éperon rocheux (mixte en début de saison, câbles) sur environ 500 m jusqu'au moment de traverser à droite le Grand Couloir (chutes de pierres). Peu après, descendre le glacier de Tête Rousse (refuge 3 167 m rive gauche), pour gagner rive droite un bon sentier qui mène (nord-ouest puis sud-ouest) au Nid d'Aigle. 2 372 m (2 h du refuge du Goûter).
Train pour Saint-Gervais, ou station Bellevue pour rejoindre Les Houches par le téléphérique.

DÔMES DE MIAGE (3 673 M)

TRAVERSÉE

La passerelle népalaise dans la montée au refuge des Conscrits.

Départ : refuge des Conscrits (2 602 m) ; 4 h 30 depuis le Cugnon (au sud des Contamines-Montjoie). Accès p. 94.
Difficulté : II/PD sup., arête de neige aérienne parfois cornichée ; descente raide (45°) au col de la Bérangère ; assez longue course.
Horaire : traversée classique, refuge/refuge : 6 à 8 h.
Dénivellation : 1 090 m.
Conditions favorables : juin à septembre, plus commode lorsque le glacier est assez enneigé.
Matériel : piolet, crampons, corde, 2 broches à glace, 2 sangles, 3 mousquetons, frontale.
1re ascension : E.T. Coleman avec F. Mollard et J. Jacquemont, 2 septembre 1858.

Chevaucher de longues arêtes procurera toujours un sentiment intense de liberté dès lors que, sans trop de difficultés techniques, vous aurez l'impression d'évoluer entre ciel et terre. Ainsi, les lignes dépouillées des Dômes de Miage inspireront immanquablement tout amoureux de beauté naturelle. Pour les parcourir, il faudra gagner le val Montjoie, dépasser les Contamines et remonter le majestueux bassin de Tré-la-Tête...
Leur traversée ne présente aucun passage difficile, tout au plus faut-il prendre garde aux corniches et maîtriser son équilibre. Au cœur du massif, le monde bleu des séracs et les toboggans neigeux vous eussent inquiété ; ici, bien calé sur le piolet, les crampons gravant en pointillés votre signature, laissez votre regard errer entre deux mondes : celui de la vallée, aux sombres verdures où scintillent encore quelques réverbères, et l'autre de dentelles pourpres quand l'astre frise à peine le grain blond des cimes. La course peut s'effectuer d'est en ouest ou inversement. Dans le premier cas, elle est plus progressive, les passages clés se font à la montée, et le retour sur le refuge est rapide.

Le parcours d'ouest en est sera plus technique sur les portions en descente, mais on sera plus vite en altitude et sur l'arête, face au mont Blanc, avec pour seul inconvénient le long retour sur le glacier de Tré-la-Tête, si la neige ne porte pas. Par contre, cette option devient idéale si l'on poursuit vers le refuge Durier au col de Miage et l'aiguille de Bionnassay le lendemain ; il s'agit alors d'une toute autre entreprise, qui requiert une météo stable et une excellente condition physique.

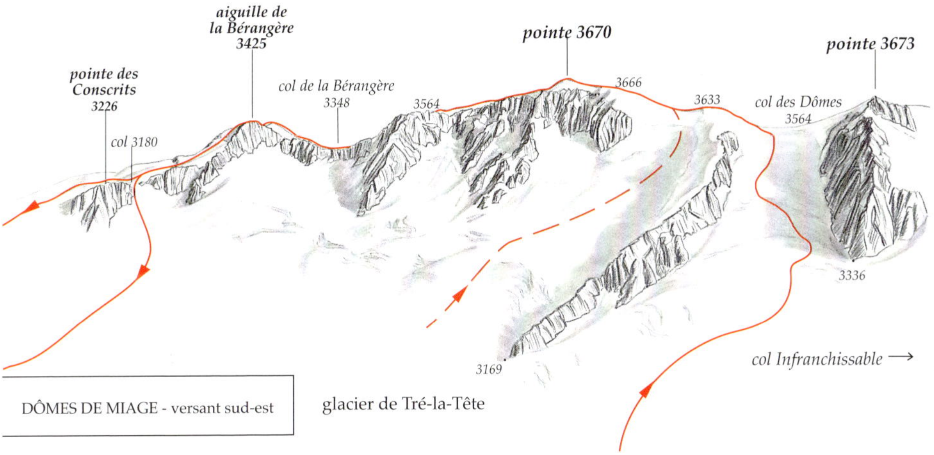

La combe sous le col des Dômes.

ITINÉRAIRE

Traversée est-ouest : du refuge des Conscrits, franchir (nord) des croupes rocheuses et suivre au nord-est le sentier intermittent (névés) pour prendre pied vers 2 900 m sur le glacier de Tré-la-Tête (1 h). Remonter au début la rive droite, puis vers 3 000 m, son centre. Contourner une zone de grosses crevasses par la droite et, au replat (3 300 m) précédant le col Infranchissable, bifurquer (nord-ouest) pour suivre d'abord rive gauche, puis par son centre, le beau vallon conduisant au col des Dômes (3 564 m ; de là, ascension possible du Dôme 3 673 m, point culminant, décalé à l'est - 1 h aller-retour). Atteindre l'arête des Miages un peu au sud-ouest de ce col (3 h 30 du refuge). La suivre près du fil, en passant le magnifique Dôme Central (3 633 m), puis deux bosses, dont le Dôme Occidental (3 670 m - 45 mn). 4 h 30 du refuge.

Traversée sur la Bérangère : du dernier Dôme, descendre facilement sud-ouest, puis par une pente assez raide (45°), toucher le col de la Bérangère (3 348 m). De là, remonter l'arête nord-est mixte de la Bérangère. Contourner une épaule par le nord et par quelques rochers faciles, gagner la cime 3 425 m (1 h 30 environ).

Descente : du sommet, après quelques zigzags (souvent rocheux), prendre pied vers le sud dans une pente de neige (40° sur 200 m). De sa base, descendre sud-ouest le glacier de la Bérangère, puis par des éboulis entrecoupés de barres rocheuses, rejoindre vers le sud le refuge. (45 mn)

À droite : à l'attaque de l'arête.

Ci-dessous : la face nord des Miages et la Bérangère.

AIGUILLE NORD DE TRÉ-LA-TÊTE (3 892 M

TRAVERSÉE - LEX BLANCHE (3 697 M) - DÔME DE NEIGE (3 592 M)

I Départ : refuge des Conscrits (2 602 m), 4 h 30 du val Montjoie (hameau du Cugnon). Accès p. 94.
I Difficulté : III/AD, longue traversée à dominante neige présentant une grande variété technique : pentes raides à la montée et en descente (un couloir à 45° sur 200 m), rimayes, arête mixte parfois aérienne et cornichée ; recherche d'itinéraire.
I Horaire : du refuge au sommet de l'aiguille Nord 4 h 30. De là au Dôme de Neige 3 h, puis 2 h de descente pour atteindre le glacier de Tré-la-Tête.
I Dénivellation : montée 1300 m ; descente 1400 m jusqu'au glacier
I Conditions favorables : neige stabilisée, bonnes conditions de gel et météo stable.
I Matériel : crampons, piolet, corde, 2 broches à glace, sangles variées, 2 dégaines, 4 mousquetons, frontale, casque.
I 1re ascension : versant NW de l'aiguille Nord : A.-W. Moore et H. Walker, avec J. Anderegg et J. Jaun, 23 juillet 1870.

Proposer une course originale et peu connue dans le massif du Mont-Blanc n'est pas si commode. La traversée Tré-la-Tête Nord - Lex Blanche - Dôme de Neige pourrait bien devenir classique, tant elle regroupe d'atouts, rendant notre démarche caduque dès lors que révélée, elle sera recherchée… Éternel problème des topo-guides.

Du col Infranchissable au col des Glaciers, cette crête frontière borde à l'est le bassin de Tré-la-Tête, vis-à-vis des Dômes de Miage. Vous aurez toutes les chances d'être seul le long de cette arête aérienne qui se déploie sur plus de trois kilomètres ; peut-être faudra-t-il ouvrir la trace, chercher votre route, réfléchir topo ou carte en main, attitude impensable dans nombre de courses du même type, où l'on ne se pose aucune question : il suffit de suivre… Les paradoxes abondent si l'on précise les qualités propres à ce parcours sauvage : présence rassurante du refuge en contrebas, mais nécessité de ne s'en remettre qu'à soi-même ; difficultés modérées, mais registre technique complet, à dominante neige et terrain mixte, couloirs, balcon suspendu, paysage grandiose quelque peu intimidant ; intérêt d'une traversée où l'on revient difficilement en arrière, mais satisfaction de réussir trois sommets d'affilée, jalons motivant l'enthousiasme d'une longue journée passée en altitude. L'ampleur de l'ensemble ne devrait pas faire reculer : le niveau reste raisonnable et, par beau temps, une belle aventure est à votre portée…

Ci-dessus : Lex Blanche et col des Glaciers.

À gauche : le travail du glacier.
En arrière-plan, l'essentiel de la traversée.

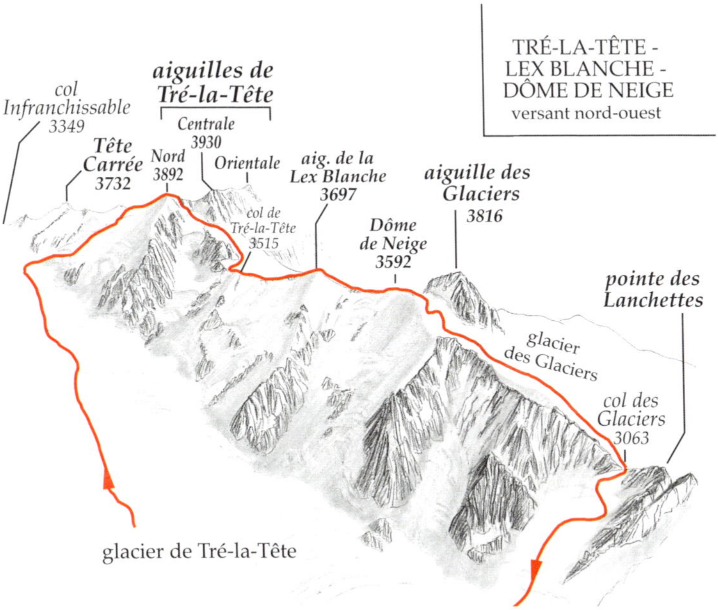

ITINÉRAIRE

Du refuge, remonter au NE des croupes et le sentier intermittent (névés) pour prendre pied sur le glacier de Tré-la-Tête vers 2 900 m (1 h 30). Le remonter rive droite au début puis, vers 3 000 m, en son centre. Contourner une zone de grosses crevasses par la droite et gagner vers 3 300 m le replat précédant le col Infranchissable.
(2 h 30 du refuge)

Ascension de l'aiguille Nord de Tré-la-Tête par son versant nord-ouest : attaquer une centaine de mètres à droite de l'éperon ouest de Tête Carrée, au centre de la face. Partir en diagonale à droite pour contourner une première chute de séracs et revenir au-dessus à gauche (pente à 50°). Franchir une rimaye à gauche de la seconde chute de séracs, et partir en légère oblique à droite ; après avoir passé une seconde rimaye, gagner par une courte pente raide, la crête faîtière neigeuse. La suivre jusqu'au sommet (3 892 m - 2 h).(4 h 30 du refuge)

Traversée : du sommet, descendre 50 m (SE) l'arête (corniche) qui file vers l'aiguille Centrale et descendre au sud dans un raide couloir neigeux qui donne accès à un balcon suspendu ; le traverser (S-SE) à la courbe de niveau. Descendre la plus à gauche des deux pentes de neige qui suivent, raide sur environ 150 m, pour prendre pied sur le haut du glacier de la Lex Blanche. Le remonter vers l'ouest jusqu'au col de Tré-la-Tête (3 515 m). On retrouve l'arête faîtière que l'on suivra vers le sud. Après un peu de neige, contourner les rochers par le versant ouest pour suivre l'arête qui redevient neigeuse et assez raide, jusqu'au

Le refuge des Conscrits.

L'arête avant le Dôme de Neige des Glaciers.

sommet de la Lex Blanche (3 697 m). Suivre l'arête (corniches) qui descend, passe au col de la Scie, et remonte au Dôme de Neige (3 592 m), à l'est du bastion sommital de l'aiguille des Glaciers. (3 h)

Descente : ne pas suivre la trace sur le glacier des Glaciers (sud) mais serrer au plus près l'arête neigeuse, qui descend du Dôme vers le sud-ouest (facile, pente large au début) ; elle passe près du col du Moyen Âge (brèche), et se rétrécit pour aboutir après une section aérienne en rocher moyen, au col des Glaciers (3 063 m). 1 h. Descendre la pente versant nord, raide au début, tirer à gauche sur 300 m et revenir à droite pour prendre pied sur le glacier de Tré-la-Tête. Le traverser pour franchir, rive droite, la cassure de Tré-la-Grande (1 h ; 2 h du Dôme de Neige). De là, soit descendre au Cugnon, soit remonter aux Conscrits.

AIGUILLE DE LA LEX BLANCHE (3 697 M)

FACE NORD-OUEST

Départ : refuge des Conscrits (2 602 m) ; accès en 4 h 30 depuis le Val Montjoie. Voir p. 94.
Difficulté : III/AD- à AD+ selon les conditions de neige/glace, notamment dans la section finale sous le sommet (400 m à 50°) ; 2 ou 3 rimayes à franchir. Descente assez longue avec une traversée d'arête et des pentes raides sous le col des Glaciers.
Horaire : approche 1 h 30, ascension 3 h, descente 3 h jusqu'au refuge de Tré-la-Tête.
Dénivellation : 800 m de la rimaye au sommet.
Conditions favorables : début de saison, quand la neige bien stabilisée recouvre les rimayes et la ceinture de rocher centrale.
Matériel : crampons, 2 piolets, corde, 4 broches, sangles variées, 3 dégaines, 5 mousquetons, casque, frontale.
1re ascension : R. Gaché, P. Gayet-Tancrède (Samivel) et R. Jonquière, 31 juillet 1931.

* Lée sur IGN

Vues de face, les pentes neigeuses ou glaciaires sont toujours impressionnantes. Festonnées de séracs, elles paraissent dangereuses ; tendues de guipures, infranchissables, labourées de rigoles d'écoulement, elles tracassent.
Unies et lisses comme de gigantesques miroirs, elles posent crûment le problème du vertige : comment le petit homme va-t-il oser s'accrocher là-dessus ? Avec un peu de pratique, on maîtrisera vite les angles réels d'inclinaison, et après deux ou trois classiques rondement menées, on fera fi de cette illusion d'optique. La face nord de la Lex* Blanche n'échappe pas à la règle. Les pentes régulières se redressent progressivement de la base à la cime acérée. Quelques points de repères viennent rompre la monotonie qu'aurait engendrée une pente uniforme : la présence d'éperons rassure, celle de la bande de rocher situe, et la dernière pente est la cerise sur le gâteau. Situé au centre de la longue barrière qui limite au sud le glacier de Tré-La-Tête, cet esthétique versant nord conserve son élan, parvient à imposer son identité et requiert une bonne expérience technique : membres de la cordée sachant progresser ensemble, effectuer d'éventuels relais sur piolet ou broche pour franchir une rimaye, tenir une cadence régulière pour que les huit cents mètres de paroi soient efficacement remontés. La balade ne s'arrête pas au sommet, d'où commence la traversée facile et aérienne vers le col des Glaciers, pour le retour sur Tré-la-Tête. Après avoir débouché au soleil, on découvrira un vaste horizon où le regard va se perdre dans les brumes méditerranéennes.

ITINÉRAIRE

Du refuge, remonter nord puis est, les croupes et le sentier pour, vers 2 750 m, prendre pied sur le glacier de Tré-la-Tête (1 h). Le traverser (est) pour rejoindre le pied de la face. Attaquer et remonter au centre de la baie glaciaire, entre l'arête ouest de la Lex Blanche et un éperon issu du premier tiers inférieur (35/40°, deux rimayes parfois). Quand on bute sous la barre rocheuse qui ferme la baie, traverser à gauche par des bandes de neige et sortir au sommet de l'éperon précité. Suivre alors la vague arête qui se soude à la face, le long de beaux séracs, puis remonter droit la pente qui se redresse (50° sur 400 m, une rimaye parfois) pour sortir au sommet. 4 h.

La pente de sortie.

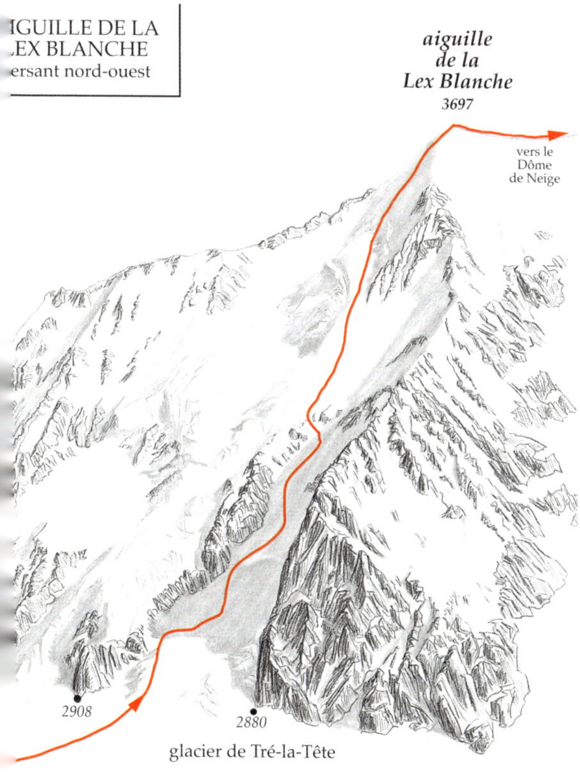

Descente : suivre vers le sud l'arête cornichée jusqu'au Dôme de Neige (30 mn). Descendre sud-ouest les pentes, en restant près du fil de l'arête qui se rétrécit après le col du Moyen Âge, pour aboutir, après une section aérienne en rocher moyen, au col des Glaciers (3 063 m ; 1 h). Descendre la pente versant nord, raide au début, tirer à gauche sur 300 m et revenir à droite pour prendre pied sur le glacier de Tré-la-Tête. Le traverser pour franchir, rive droite, la cassure de Tré-la-Grande, puis gagner le refuge. (3 à 4 h du sommet)

MONT TONDU (3 196 M)

VOIE NORMALE

Départ : chalet-hôtel de Tré-la-Tête (1 970 m) ; montée en 2 h depuis Le Cugnon (au sud des Contamines-Montjoie). Accès p. 95.
Difficulté : II/PD ; approche glaciaire, pentes de neige à 35/40°, arête rocheuse sommitale un peu aérienne mais commode.
Horaire : du refuge au sommet 4 à 5 h. Descente 2 à 3 h.
Dénivellation : 1 226 m.
Conditions favorables : début de saison, quand la neige est stabilisée et avant que les pentes ne soient trop sèches (glace, chutes de pierres).
Matériel : crampons, piolet, corde, 2 broches à glace, 2 sangles, 4 mousquetons, casque, frontale.
1re ascension : A. Hutter et le capitaine X… avec A. Magnin et N. Allantaz, 19 août 1894.

Le bassin de Tré-la-Tête a des allures de bout du monde. Sur la carte, il évoque un gigantesque barracuda qui aurait voulu dévorer le mont Blanc, mais qui s'est heurté à un obstacle imprévu : le col Infranchissable. Encerclé par de hautes murailles recouvertes de glace, il a dû capituler, puis s'est fossilisé dans cette posture indolente.

Le mont Tondu offre l'avantage d'être le point d'observation privilégié sur ce paysage millénaire, dans un registre de difficultés modérées. L'itinéraire assez évident permet de se concentrer sur l'aspect technique : adopter un rythme de cramponnage régulier, synchronisé avec le déplacement du piolet et la ventilation pulmonaire, alternance des mouvements de corde, tendue ou reprise en anneaux à la main selon les passages.

Le soir, une reconnaissance du chemin d'accès au glacier permettra de dormir sur ses deux oreilles ; préparer une course commence par ce genre de précaution. Au petit matin, avec la complicité des étoiles, l'impression sera gratifiante de marcher en terrain familier. Au cairn du Pain de Sucre, n'en restez pas là comme beaucoup, mais suivez l'arête rocheuse facile, jusqu'au sommet décentré vers le sud. La vue sur le mont Blanc est très intéressante parce qu'elle révèle le profil des voies normales française et italienne. L'ascension du Tondu peut aisément se combiner avec la montée au refuge des Conscrits. Au retour, du pied du verrou, une heure suffit pour atteindre ce refuge, avec une course dans votre escarcelle, avant la plaisante traversée des Dômes de Miage… Notez que le col du Mont-Tondu permet d'accéder au refuge Robert Blanc, vers le sud-est, pour gravir l'aiguille des Glaciers le lendemain. Regagner Tré-la-Tête par le col des Glaciers conclura une boucle astucieuse.

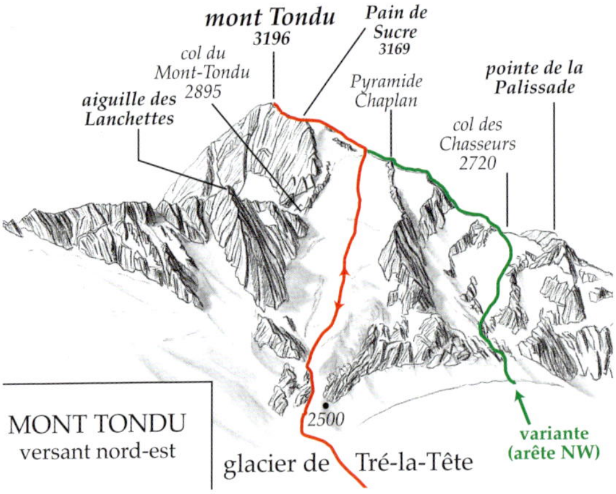

MONT TONDU
versant nord-est

Le refuge des Conscrits devant le versant nord-est du Tondu.

ITINÉRAIRE

Du refuge, suivre vers l'est le sentier (ancienne moraine). Après quelques lacets, il traverse à flanc au-dessus des escarpements qui dominent le ravin du glacier (montées/descentes - balisage et cairns). Prendre pied sur le glacier (30 mn du refuge). Le remonter au centre de préférence, puis obliquer à gauche vers 2 300 m pour franchir la chute de séracs de Tré-la-Grande, près des rochers rive droite. Traverser ensuite vers le sud-est pour rejoindre l'attaque vers 2 500 m (verrou à droite de l'éperon nord de l'aiguille des Lanchettes). 1 h 30.

Ascension : franchir ce verrou en oblique vers la droite pour prendre pied sur le glacier du Mont-Tondu que l'on remonte par son centre jusqu'au col (vers 3000 m) entre le Pain de Sucre et la pyramide Chaplan. Suivre vers le sud l'arête neigeuse facile, jusqu'au gros cairn du Pain de Sucre (3 169 m). Prendre enfin l'arête rocheuse, facile mais parfois aérienne, plutôt sur son flanc droit, jusqu'au sommet. (4 à 5 h du refuge)

Descente : par le même itinéraire (2 à 3 h).

Variante : montée par l'arête NW. Ascension mixte un peu plus technique (ressaut rocheux). Approche commune avec la voie normale.

REFUGES (réservation obligatoire)

Les itinéraires sont décrits dans leur ligne générale, à compléter par la lecture des cartes IGN au 1/25 000 : Chamonix 3630 OT et Saint-Gervais 3531 ET.

Points GPS : format UTM, système WGS 84.

La précision du GPS à + ou - 15 m et les variations de calculs de l'utilisateur peuvent entraîner une marge d'erreur pouvant aller jusqu'à 40 m. Boussole et altimètre restent de bons instruments.

Abréviations : CAF, CAI, CAS : Club alpin français, italien, suisse.

Refuge Albert-1er (2 711 m)

Tél. +33 (0)4 50 54 06 20. Gardé en été et certains week-ends au printemps. CAF. 150 places.

Départ : hameau du Tour (20 km au nord de Chamonix).

Itinéraire : rejoindre le col de Balme par les remontées mécaniques de Charamillon-Balme. Suivre alors sud-est puis sud, un bon sentier en traversée ascendante. Vers 2 330 m, il contourne le Bec de Picheu et s'oriente à l'est, puis traverse une zone d'éboulis (ou névés) pour remonter la moraine sous le refuge. 1 h 30 à 4 h selon que l'on emprunte ou non les remontées mécaniques.

GPS 32T E 0344 117 N 5095 662

En hiver/printemps, l'accès à skis se fait par le col du Passon au départ des Grands Montets.

Refuge d'Argentière (2 771 m)

Tél. +33 (0)4 50 53 16 92. Gardé en été et de février à mai. CAF. 91 places. Parcours glaciaire.

Départ : Argentière, téléphérique des Grands Montets.

Itinéraire : de la station supérieure, gagner en contrebas le col des Grands Montets (3 233 m). Franchir la rimaye pour descendre au NE le glacier des Rognons et atteindre le sommet de la moraine (2 754 m). Descendre son fil. Prendre pied sur le glacier d'Argentière, dont on remonte (SE) la rive gauche. Vers 2 700 m, traverser vers l'E pour gagner la moraine rive droite et le refuge situé 70 m au-dessus. 1 h 30.

GPS 32T E 0345 345 N 5090 015

Refuge des Conscrits (2 602 m)

Tél. +33 (0) 4 79 89 09 03. Gardé de mi-mars à fin septembre. CAF. 90 places.

Itinéraire : rejoindre le refuge de Tré-la-Tête (2 h, cf. p. 95). De là, prendre le sentier vers l'est, qui conduit au balcon du « Mauvais pas » (15 min) Au panneau « Refuge des Conscrits », monter à gauche. Peu après (2 050 m) Suivre à gauche le sentier balisé bleu. Il s'élève par des pelouses, une crête et deux combes (cordes fixes) jusqu'à une épaule (2 380 m, 1 h 45 de Tré-la-Tête). On traversera l'amphithéâtre de Tré-la-Petite à flanc puis par une longue descente vers le sud, jusqu'à la passerelle népalaise (2 340 m, 2 h 45). Le sentier rejoint une brève moraine puis en oblique nord-est, mène au refuge (40 min, 3 h 30 de Tré-lé-Tête.)

En hiver et au printemps, l'accès à skis poursuit sur le glacier rive droite après les séracs de Tré-la-Grande, pour remonter un des couloirs situés au sud du refuge.

GPS 32T E 0326 302 N 5072 800

Refuge des Cosmiques (3 613 m)

Tél. +33 (0)4 50 54 40 16. Gardé de février à octobre. Privé. 148 places. Itinéraire glaciaire, arête aérienne.

Départ : Chamonix-sud, téléphérique de l'Aiguille du Midi.

Itinéraire : de la station supérieure (3 795 m) descendre l'arête nord-est (exposée) jusqu'au premier replat. Virer dans les pentes, sud puis sud-ouest. Passer au pied des faces sud de l'aig. du Midi et, par une courte remontée, atteindre le refuge. 20 mn.

GPS 32T E 0335 896 N 5082 115

Refuge du Couvercle (2 687 m)

Tél. +33 (0)4 50 53 16 94. Gardé l'été et week-ends de mai. CAF. 120 places. Parcours glaciaire et barre rocheuse (échelles raides au départ).

Départ : Chamonix, gare du Montenvers-Mer de Glace.

Itinéraire : de la gare supérieure (1 913 m) gagner vers le sud les échelles pour prendre pied sur la Mer de Glace. La remonter rive gauche, puis au centre pour gagner progressivement sa rive droite vers 2 050 m. Se diriger au sud-est pour traverser les moraines, en tirant à gauche pour atteindre la base du ressaut des Égralets (2 230 m). Le franchir par des échelles et remonter nord-est les gradins puis le sentier jusqu'au refuge. 3 h 30.

En hiver/printemps, l'accès à skis se fait par la moraine rive gauche du glacier de Talèfre.

GPS 32T E 0342 205 N 5086 095

Refuge Durier (3 358 m)

Tél. +33 (0)6 89 53 25 10. Gardé l'été. CAF. 12 places. Accès long et délicat dans la partie supérieure (rochers raides et instables).

Départ : parking des gorges de la Gruvaz (val Montjoie).

Itinéraire : suivre au sud, puis nord-est, la piste jusqu'aux chalets de Miage (1 h). Longer le torrent rive gauche pour le traverser (passerelle) et continuer rive droite, jusqu'au départ d'un petit sentier à droite d'une cascade. Le suivre pour remonter la moraine, plein est. Vers 2670 m, traverser le névé sous la base du glacier du Tricot pour gagner la moraine sur la rive opposée (gros cairn, colu). Remonter cette moraine jusque sous le refuge de Plan-Glacier qui domine de 50 m à l'est (3 h). Descendre pour prendre pied sur le glacier de Miage sur le replat de Plan Glacier vers 2550 m. Le remonter (sud-est, chutes de glace) jusqu'à la base de l'éperon rocheux central (vers 2800 m, ronds de peinture). Escalader cet éperon (rocher médiocre) en tirant à gauche dans la partie supérieure, plus raide, avant de revenir à droite pour accéder à la selle neigeuse et au refuge (3 h). 7 h.

NB : on peut aussi passer par le refuge de Plan-Glacier. De là, un cheminement équipé et balisé permet de prendre pied vers 2800 m sur le glacier que l'on traverse à la courbe afin de gagner l'attaque de l'éperon central. Plus long et délicat.

GPS 32T E 0329 975 N 5076 942

Refuge Gonella (3 071 m) - Italie

Tél. +39 0165 885 101. Appelé aussi refuge du Dôme. Gardé l'été. CAI. 70 places. Itinéraire glaciaire.

Départ : Cantine de la Visaille, parking 1670 m (val Veni, italie).

Itinéraire : remonter la route jusqu'au lac de Combal. Avant le pont qui traverse la Doire, prendre à droite la piste qui monte au lac du Miage. Par le sentier derrière la buvette, gagner la crête de la moraine et prendre pied sur le glacier du Miage (pierreux). Le remonter jusque vers 2 600 m. On repère alors un sentier qui s'élève à droite, sur le flanc ouest de l'arête des aiguilles Grises. Le suivre (passages équipés), puis remonter un névé rive droite du glacier du Dôme, pour gravir l'éperon rocheux sur lequel est implanté le refuge. 5 h.
GPS 32T E 0331 600 N 5076 285

Refuge du Goûter (3 835 m)

Tél. +33 (0)4 50 54 40 93, hors saison 06 01 48 62 37. Gardé de juin à octobre. CAF. 120 places. Itinéraire mixte, parfois délicat.

Départ : Les Houches (vallée de Chamonix), Le Fayet ou St-Gervais (val Montjoie).

Itinéraire : du Nid d'Aigle, terminus du tramway du Mont-Blanc (2 372 m), s'élever sud-est puis nord-est dans les pentes qui longent l'arête des Rognes. Après la baraque forestière (2 768 m), traverser sud-est, puis remonter une croupe qui longe le glacier de la Griaz, jusque vers 3 140 m (2 h, refuge de Tête Rousse sur rive opposée). Remonter le glacier en oblique à droite pour rejoindre la rive droite du grand couloir issu de l'aiguille du Goûter. Traverser ce couloir (chutes de pierres) et remonter le large éperon de sa rive gauche (câbles dans le haut). Contourner par le sud l'ancien refuge (3 817 m) et prendre pied sur l'arête sud que l'on suit à droite (sud) sur environ 200 m. Le nouveau refuge est implanté une trentaine de mètres en contrebas du sommet de l'aiguille du Goûter, versant ouest, à 3 835 m (5 h du Nid d'Aigle).
GPS : 32T E 0344 117 N 5095 662

Refuge des Grands Mulets (3 051 m)

Tél. +33 (0)4 50 53 57 10, hors saison : 06 12 69 81 50. Gardé d'avril à mi-sept. selon état du glacier. CAF 68 pl. Parcours glaciaire parfois complexe.

Départ : Plan de l'Aiguille (2310 m), gare intermédiaire du téléphérique de l'aig. du Midi.

Itinéraire : suivre le sentier qui monte sud-est et le quitter vers 2370 m (15 mn), pour couper sud-ouest la moraine (2385 m). Descendre sur le glacier des Pèlerins et le traverser. Après avoir franchi sa moraine rive gauche, suivre le sentier qui passe par l'ancienne gare des Glaciers, puis mène au glacier des Bossons, vers 2 500 m. Le traverser (sud-ouest), et vers 2 650 m se diriger sud pour franchir la zone très crevassée de la Jonction. Viser alors, vers le sud-sud-est, le rocher des Grands Mulets pour aborder le rognon par son extrémité sud. Le gravir en diagonale à gauche (rocher équipé) pour atteindre le refuge. 3 h.
GPS 32T 0333 984 N 5081 465

Refuge de Leschaux (2 431 m)

Tél. +33(0)6 73 10 29 47 ou (0)6 99 59 71 67. Gardé l'été. CAF. 10 places. Parcours glaciaire.

Départ et itinéraire : suivre l'accès au refuge du Couvercle jusqu'à la moraine rive droite de la Mer de Glace (1 h 30). Continuer alors sud-est, pour remonter une langue glaciaire secondaire d'abord, puis le glacier de Leschaux lui-même. Tirer progressivement vers sa rive droite, pour rejoindre la base d'un couloir (avalancheux) au nord du refuge. Remonter son cône pour gagner à droite le sentier (échelle et rampe au départ) qui mène au refuge. 2 h 30.
GPS 32T E 0343 350 N 5084 356

Refuge Torino (3 371 m) - Italie

Refuge d'été : Tél. + 39 0165 844 034. Gardé de juin à septembre. CAI. 160 places. *Refuge d'hiver :* Tél. + 39 0165 846 484. Gardé d'octobre à juin avec interruption en novembre. 40 places.

Départ et accès : soit versant italien, par le téléphérique Funivie Monte Bianco depuis La Palud (val Ferret italien) : de la station supérieure Torino, rejoindre le refuge d'hiver de plain-pied, ou le refuge d'été par un escalier sous tunnel (10 mm). Soit Versant français via l'aiguille du Midi par la traversée de la Vallée Blanche (parcours glaciaire, 2 h 30) ou télécabine Panoramic Mont-Blanc.
GPS 32T E 0339 548 N 5078 930

Refuge-hôtel de Tré-la-Tête (1 970 m)

Tél. +33 (0)4 50 47 01 68. Gardé l'été et certaines périodes au printemps. Privé. 80 places.

Départ : Le Cugnon (au sud du Val Montjoie).

Itinéraire : par un bon sentier, s'élever nord-est au début, puis en lacets vers l'est avant une longue traversée ascendante plein sud jusqu'au refuge. 2 h.
GPS 32T E 0323 939 N 5073 414

Cabane du Trient (3 170 m) - Suisse

Tél. +41 27 783 14 38. www.cas-diablerets.ch
Gardée de mi-mars à mi-mai et de mi-juin à mi-septembre. CAS. 150 places.

Départ : Champex (Suisse), télésiège de la Breya.

Itinéraire : de la station supérieure Grands Plans (2 188 m) suivre au sud-ouest le sentier pour gagner le centre de la combe d'Orny que l'on remonte (ouest). Dépasser un lac et par la moraine rive gauche, atteindre le refuge d'Orny. 2 h. Suivre (ouest) le sentier balisé qui traverse la combe issue du col d'Arpette, passer une épaule et poursuivre jusqu'à un replat, vers 2 940 m. Monter alors nord-ouest sur le sentier d'été (rectangle blanc + trait bleu), passer un promontoire (2 965 m env., gros cairn), puis cheminer dans des blocs (marches métalliques) à l'horizontale vers l'ouest, puis légère descente, et vers 3 065 m, jonction avec le tracé qui monte du glacier (balise rouge, flèche bleue). Vers 3 115 m, passer un colu au-dessus du glacier côté Trient et, par le sentier à droite (nord-ouest), atteindre le refuge (1 h). 3 h.

Au printemps, monter sur la rive gauche du glacier d'Orny jusqu'au col d'Orny (3 098 m). De là au refuge vers le nord.
GPS 32T E 0348 517 N 5095 850

REMONTÉES MÉCANIQUES

Fonctionnement saisonnier, se renseigner pour connaître les dates d'ouverture et les horaires.
www.chamonix.com ou www.compagniedumontblanc.fr

- **Aiguille du Midi :**
  +33 (0)4 50 53 30 80 - Chamonix-sud, téléphérique 2 tronçons. Liaison avec la pointe Helbronner en Italie par télécabine.
- **Bellevue :**
  +33 (0)4 50 54 40 32 - Les Houches, téléphérique.
- **Charamillon – Balme :**
  +33 (0)4 50 54 00 58 - Le Tour, télécabine puis télésiège.
- **Helbronner - Funivie Monte Bianco :**
  + 39 0165 89 925 - La Palud en Italie, téléphérique 3 tronçons. Liaison avec l'Aiguille du Midi par télécabine.
- **La Breya :**
  + 41 27 783 13 44 - Champex en Suisse, télésiège.
- **Lognan - Grands Montets :**
  +33 (0)4 50 54 00 71 - Argentière, téléphérique 2 tronçons.
- **Montenvers - Mer de Glace :**
  +33 (0)4 50 53 12 54 - Chamonix, train à crémaillère.
- **Nid d'Aigle - Tramway du Mont-Blanc (TMB) :**
  +33 (0)4 50 47 51 83 - Le Fayet, train à crémaillère. Liaison avec Les Houches par le téléphérique de Bellevue.

INFORMATIONS

- **Sur les conditions de la montagne :**
  OHM (Office de la Haute Montagne), place de l'Église à Chamonix : +33 (0)4 50 53 22 08, www.chamoniarde.com. Centralise les informations. Documentation à consulter sur place. www.ohm-chamonix.com
  Le site du syndicat des guides : www.montagneinfo.net

- OT Chamonix : +33 (0)4 50 53 00 24. www.chamonix.com
- OT Les Houches : +33 (0)4 50 55 50 62. www.leshouches.com
- OT Saint-Gervais : +33 (0)4 50 47 76 08. www.st-gervais.net
- Refuges CAF du Mont-Blanc : +33 (0)4 50 53 16 03

MÉTÉO

- Météo France : 08 99 71 02 + n° département ou site www.meteo.fr
- Météo Val d'Aoste : www.regione.vda.it
- Météo Alpes Romandes : +41 848 800 162. www.meteosuisse.ch

SECOURS

- N° international depuis un téléphone mobile : 112
- PGHM (Peloton de Gendarmerie de Haute Montagne)
  Chamonix : +33 (0)4 50 53 16 89
  Saint-Gervais : +33 (0)4 50 78 10 81

BIBLIOGRAPHIE

- *Sommets du Mont-Blanc, les plus belles courses de facile à difficile,* J.-L. Laroche et F. Lelong (Glénat, 2016)
- *Ascensions au Pays du Mont-Blanc,* Jean-Louis Laroche et Florence Lelong (Glénat, 2000)
- *Escalades choisies, Mont-Blanc, Aiguilles-Rouges* (Glénat, 2009)
- *L'escalade, de la salle aux grandes parois rocheuses,* Philippe Brass (Glénat, 2008)
- *Neige, glace et mixte, Le topo du massif du Mont-Blanc,* 2 tomes. François Damilano (JMEditions, 2005 et 2006).
- *Mont-Blanc, les plus belles courses – Rocher, neige, glace et mixte,* Philippe Batoux (Glénat, 2012)
- *Ensa, l'école des sommets,* Gilles Chappaz (Glénat, 2015)

Prépresse et fabrication : Glénat Production
Achevé d'imprimer en Espagne en mai 2021 par Indice S.L.,
Sur papier provenant de forêts gérées de manière durable.